Autos

© 2004
Verlag Podszun-Motorbücher GmbH
Elisabethstraße 23-25, D-59929 Brilon
Herstellung Druckhaus Cramer, Greven
Internet: www.podszun-verlag.de
Email: info@podszun-verlag.de
ISBN 3-86133-319-8

Für die Richtigkeit von Informationen, Daten und Fakten wird keine Gewähr oder Haftung übernommen. Es ist nicht gestattet, Abbildungen oder Texte dieses Buches zu scannen, in PCs oder auf CDs zu speichern oder im Internet zu veröffentlichen.

Udo Bols
Autos
Die wichtigsten deutschen Personenwagen seit 1886
– mehr als ein Jahrhundert Automobilgeschichte

INHALT

	Einleitung	6
1886	Benz Patent Motorwagen	10
1886	Daimler Motorkutsche	11
1898	Opel Lutzmann	12
1902	Mercedes Simplex	13
1909	Opel Doktorwagen	14
1912	Wanderer Puppchen	15
1924	Opel Laubfrosch	16
1924	Hanomag Kommissbrot	17
1926	Mercedes-Benz S, SS, SSK, SSKL	18
1928	BMW Dixi	19
1928	Ford A	20
1930	Mercedes-Benz Großer Mercedes	21
1930	Maybach Zeppelin	22
1934	Adler Trumpf Junior	23
1934	Mercedes-Benz 500 K/540K	24
1935	Ford Eifel	25
1936	Mercedes-Benz 260 Diesel	26
1936	Mercedes-Benz 170 V	27
1936	BMW 328	28
1937	Horch 853	29
1938	Opel Admiral	30
1938	KDF Wagen	31
1945	Volkswagen »Brezelkäfer«	32
1948	Ford »Buckeltaunus«	34
1949	Opel Olympia	35
1949	Volkswagen Cabriolet	36
1950	Porsche 356	37
1950	Borgward Lloyd	38
1951	Mercedes-Benz 300	39
1951	Opel Kapitän	40
1952	Ford 12 M	41
1952	Borgward Hansa 2400	42
1953	Opel Olympia Rekord	43
1953	DKW Sonderklasse	44
1953	Mercedes-Benz 180/180 D	46
1954	Borgward Isabella	47
1954	BMW 502 Achtzylinder	48
1954	Mercedes-Benz 300 SL	50
1955	Mercedes-Benz 190 SL	52
1955	Glas Goggomobil	53
1955	BMW Isetta	54
1955	DKW 3=6	56
1955	Messerschmitt KR 200	57
1955	Volkswagen Karmann Ghia	58
1956	Mercedes-Benz 220 S/220 SE	59
1956	BMW 503/507	60
1956	Wartburg – der neue Eisenacher	61
1957	Ford 17M	
1957	Borgward Isabella Coupé	
1957	Opel Kapitän L	64
1958	Auto Union 1000 Sp	65
1958	Trabant Typ 50	66
1958	NSU Prinz	67
1958	Opel Olympia Rekord '58	68
1958	Wartburg 900/1000	69
1959	BMW 700	70
1959	Mercedes-Benz Heckflossen	71
1959	NSU Sport Prinz	72
1960	Ford 17 M »Badewanne«	73
1961	Volkswagen 1500	74
1962	BMW 3200 CS	75
1962	Opel Kadett	76
1962	BMW 1500, 1600. 1800	77
1963	Mercedes-Benz 230 SL, 250 SL, 280 SL	78
1963	DKW F12	79
1964	Mercedes-Benz 600	80
1964	Opel Kapitän, Admiral, Diplomat	82
1964	Trabant 601	83
1964	NSU Prinz 1000	84
1964	NSU Spider	85

Jahr	Modell	Seite
1964	Porsche 911	86
1964	Glas 1300 GT, 1700 GT	87
1965	BMW 2000 C, 2000 CS	88
1965	Audi 72 PS	89
1966	BMW 02-Reihe	90
1966	Wartburg 353	91
1967	NSU Ro 80	92
1968	Volkswagen 411	94
1968	Opel GT	95
1968	Ford Escort	96
1968	BMW 2500/2800	97
1969	Ford Capri	98
1970	Opel Manta	99
1970	Volkswagen K 70	100
1970	Audi 100 Coupé S	101
1972	Mercedes-Benz S-Klasse	102
1972	Ford Granada	103
1973	Volkswagen Passat	104
1974	Volkswagen Golf	105
1978	Mercedes-Benz T-Reihe	106
1978	BMW M1	107
1978	BMW 635 CSi	108
1979	Volkswagen Golf Cabrio	109
1980	Audi Quattro	110
1982	Mercedes-Benz 190	111
1982	Opel Corsa	112
1985	Ford Scorpio	113
1986	BMW 325i Cabrio	114
1986	BMW 7er-Reihe	116
1987	Porsche 959	117
1988	Mercedes-Benz 300 SL, 500 SL	118
1988	BMW Z1	119
1988	Audi V8	120
1988	Porsche 911 Carrera	121
1990	BMW 8er Coupé	122
1990	BMW 3er	123
1990	Opel Calibra	124
1993	Mercedes-Benz C-Klasse	125
1994	Audi A4	126
1995	BMW Z3	127
1996	Mercedes-Benz SLK	128
1996	Porsche Boxster	129
1997	Mercedes-Benz M-Klasse	130
1997	Ford Ka	131
1997	Mercedes-Benz A-Klasse	132
1998	Ford Focus	133
1998	Mercedes-Benz S-Klasse	134
1998	Volkswagen Passat 5. Generation	135
1998	Audi TT	136
1998	Volkswagen New Beetle	137
1998	Smart	138
2000	BMW Z8	139
2000	Opel Speedster	140
2000	Porsche 911 Turbo	141

EINLEITUNG

Schon immer hat der Traum vom selbstfahrenden Wagen die Gemüter der Menschen bewegt. Leonardo da Vinci schafft 1490 ein per Muskelkraft angetriebenes Fahrzeug. 1769 und 1771 baut der Franzose Nicolas Joseph Cugnot seine Dampfwagen, und Nikolaus Otto lässt sich 1876 den nach dem Viertaktverfahren arbeitenden Verbrennungsmotor patentieren. 1886 erklärt ein Gericht das Patent für ungültig, denn das Viertaktprinzip war bereits 25 Jahre früher von einem französischen Ingenieur festgelegt worden. Das heißt: Jeder konnte dieses Patent nachbauen, ändern oder verbessern.

Gottlieb Daimler macht davon Gebrauch. Seine Idee: Ein schnelllaufender Einzylindermotor, der sich zum Antrieb eines Automobils eignet. Zur selben Zeit beschäftigt sich Carl Benz mit dem Verbrennungsmotor. Beide kennen sich nicht, wissen nicht von der Arbeit des anderen. Das Resultat: Ihre Motorwagen werden 1886 der Öffentlichkeit präsentiert.

Autofahren 1912: Der erste Wanderer Kleinkraftwagen, das „Puppchen", auf der Fahrt im Pustertal bei Schloss Karneit

Als in Europa der Erste Weltkrieg ausbricht, hat das Automobil seine erste Epoche bereits beendet. Während des Krieges läuft die PKW-Produktion auf Sparflamme. Automobilhersteller werden in die Rüstungsindustrie eingebunden und bauen Flug- und Schiffsmotoren. Nach Ende des Ersten Weltkriegs fangen kleine und winzige Firmen an, Automobile zu bauen. Mehr als 100 Unternehmen wollen den Nachkriegsbedarf decken. Zu viele, wie sich bald herausstellen soll.

Der Pariser Salon im Herbst 1919 ist der Auftakt zur nächsten Epoche der Automobilgeschichte. Es gibt eine noch nie dagewesene Typenvielfalt. Neue Herstellungsmethoden, verbesserte Technik, andere Werkstoffe eröffnen den Produzenten ungeahnte Möglichkeiten. In dieser Zeit entsteht das kontrastreichste Automobilangebot überhaupt: Vom Kleinwagen für zwei Personen bis zum rassigen hochtourigen Rennsportwagen.

Trotz Nachkriegszeit sind Luxusmobile gefragt. Vermögende Kundschaft, die sich sogar einen Chauffeur leisten kann, ist bereit, tief in die Tasche zu greifen. Jedoch auch einfache, kostengünstige Gebrauchswagen haben Konjunktur. Die Automobilhersteller schielen deshalb nach Amerika. Einen günstigen Wagen – wie dort die Tin-Lizzy – können sie nur anbieten, wenn auch hier Henry Fords Fließbandsystem arbeiten würde. Dass das möglich ist, beweist Opel mit seinem Laubfrosch.

Neue Perspektiven der Produktion eröffnen sich, als immer mehr Hersteller ihre Modelle auch in geschlossenen Limousinen-Versionen anbieten. Man fährt den geschlossenen Wagen selbst. Wer sich noch fahren lässt, wählt eine Ausführung mit geschlossenem Fond und offenem Fahrerabteil.

Karl Benz mit seinem kaufmännischen Mitarbeiter Josef Brecht auf dem Patent-Motorwagen von 1886

Doch es ist noch ein harter und langer Weg für beide, den Motorwagen salonfähig zu machen. Die stinkenden, knatternden Vehikel werden keineswegs nur mit Beifall begrüßt. Dennoch, die Anstrengungen werden belohnt, und was um die Jahrhundertwende wohl niemand vorhergesehen hat: Das Automobil startet zu einem einzigartigen Siegeszug.

Die Leistung der Motoren wächst. Allmählich entwickeln sich die ersten Karosserieformen und findige Köpfe konstruieren all die Dinge, die das Automobil so richtig fahrtüchtig werden lassen: Getriebe und Kupplung, Magnetzünder, sichere Fußbremsen.

Von Jahr zu Jahr gibt es mehr Automobilfabriken. Alle stehen in hartem Wettbewerb zueinander, starten bei großen, werbeträchtigen Fahrten, organisieren Grand-Prix-Rennen oder zeigen ihre Entwicklung auf Ausstellungen. Der Trend ist unverkennbar. Wo man vor Jahren im Karosseriebau noch mit Holz gearbeitet hat, wird nun Blech eingesetzt. Harte Vollgummireifen gehören ebenfalls schnell der Vergangenheit an, mit Luft gefüllte „Pneumatiks" sind der letzte Schrei.

Fließbandauto: Opel 4/12 PS Laubfrosch von 1924

Langsam kommen die Holzspeichenräder aus der Mode. Stahlscheiben- oder Metallspeichenräder setzen sich durch, betonen den sportlichen Charakter. Sportlich – das ist die neue Devise. Immer mehr Marken nehmen an den großen Rennen teil. Hochleistungswagen, speziell für den Wettbewerb gebaut, faszinieren das Publikum.

Die wachsende Automobilindustrie verlangt nach weiter ausgebauten Straßennetzen. Zwar ist der Verkehr noch überwiegend auf Pferd und Wagen ausgerichtet, doch vorausschauende Planer befassen sich bereits mit der Idee, Straßen ausschließlich für Autos zu bauen: die Autobahn! Der Anfang wird mit der AVUS (Automobil-, Verkehrs- und Übungsstraße) in Berlin gemacht. Die Mehrzahl aller Straßen sind natürlich noch bessere „Wege". Reifenpannen, technische Probleme gehören deshalb zur Tagesordnung. Um dem Autofahrer unterwegs helfen zu können, wird 1928 ein Dienstleistungsunternehmen besonderer Art gegründet: der Allgemeine Deutsche Automobilclub, der ADAC.

Und noch etwas ist in den zwanziger Jahren außergewöhnlich. Mußte man früher den Sprit in Apotheken oder Drogerien kaufen, so tauchen immer mehr Straßenzapfstellen auf. In Hannover (am Raschplatz) gibt es 1923 gar das erste deutsche Tankhaus.

In den dreißiger Jahren entstehen die typischen Klassiker: Raritäten wie die Mercedes-Benz-Kompressorwagen, Maybachs Zeppelin oder die luxuriösen Limousinen und Cabriolets von Horch. Von der Stückzahl her sind sie nicht der Rede Wert, aber sie sind die Wagen, die auf den zahlreichen Automobilausstellungen für Gesprächsstoff sorgen.

Mercedes-Benz präsentiert den ersten Diesel-PKW (1936). Das Konzept setzt sich durch. Andere Überlegungen oder Weiterentwicklungen, oft bereits als Prototyp ausgebildet, bleiben in unvollendeter Phase stecken. Mit dem Ausbruch des Zweiten Weltkriegs geht die Produktion von Personenwagen rapide zurück. Automobilhersteller stellen von sich aus ihre Produktion auf Rüstungsgüter um oder sie werden zur Umstellung gezwungen.

Mit Beginn des Zweiten Weltkriegs 1939 setzt die Treibstoffverknappung ein. Mercedes-Benz konstruiert einen Holzgasgenerator, der vorzugsweise für den 170 V verwendet wird

1945: Der Zweite Weltkrieg ist beendet, Deutschland ist ein Trümmerhaufen. Eine enorme Anstrengung ist nötig, das Land wieder zu einem Staat zu machen, in dem es sich leben lässt und zu leben lohnt. Vor allem muss der Automobilindustrie rasch auf die Beine geholfen werden: Transportmittel werden für den Aufbau dringend benötigt. An eine Aufnahme der Produktion von Pkw für den privaten Gebrauch ist noch nicht zu denken.

Die Autowerke sind zum Teil schwer beschädigt. Daimler-Benz beispielsweise verliert mehr als drei Viertel seiner Produktionsfläche. Maschinen und Material fehlen. Anderen Herstellern ergeht es ähnlich. Deutschland wird in Besatzungszonen aufgeteilt, intakte Produktionsanlagen werden von den Besatzern annektiert. Erst der Marshall-Plan erleichtert den Wiederaufbau der Autoindustrie.

Viele Unternehmen widmen sich zunächst der Ersatzteilfertigung. Die Produktion der Personenwagen knüpft fast immer an die Vorkriegsmodelle an. Mit der Währungsreform (1948) kommt die Autoproduktion erneut in Fahrt. Bald spricht man vom Wirtschaftswunder. In den Wochenschauen der Kinos taucht das Bild des wohlgenährten, Zigarre rauchenden Wirtschaftsministers Ludwig Erhard auf: Symbol für den Aufstieg der Industrie.

Elegante, großzügige Karosserie-Formen, Armaturen aus edlen Naturhölzern und Sitzbezüge aus feinstem Leder: Die Nobelkarossen der dreißiger Jahre – das bevorzugte Fortbewegungsmittel der „oberen Zehntausend". Horch 780 Cabriolet (1932)

Es sind allerdings auch schwere Zeiten. Viele Unternehmen müssen während der Weltwirtschaftskrise (1929-33) ums Überleben kämpfen. Konkurse sind an der Tagesordnung. DKW, Audi, Horch und Wanderer schließen sich zur Auto-Union zusammen, um die Existenz zu sichern. Trotz dieser Schwierigkeiten bleibt der Fortschritt keineswegs auf der Strecke. Verbesserungen auf dem Gebiet der Fahrwerktechnik, gepresste Ganzstahlkarosserien und Servobremsanlagen zählen, zumindest in der oberen Klasse, bald zum Standard. Karosseriebetriebe haben Konjunktur. Viele Kunden ordern nur das Fahrgestell, lassen sich den Aufbau aber individuell gestalten. Avantgardistische Formen entstehen. Windschlüpfrige Stromlinien-Karosserien machen die Autos schneller.

Typischer Vertreter der Wirtschaftswunderzeit: VW Käfercabrio

Sie prägen in den fünfziger Jahren das Bild auf Deutschlands Straßen: die Kleinwagen. Ein sehr erfolgreicher ist die BMW Isetta, die ab 1955 gebaut wird

Auf den Automobilausstellungen gibt es wieder neue deutsche Produktionen zu sehen: Mittelklassewagen, Luxuswagen und eine neue Kategorie, die sich Kleinwagen nennt. Vor allem diese Fortbewegungsmittel mit oft nur drei Rädern, unglaublichen Karosserien und zum Teil haarsträubender Technik werden die Renner in der ersten Hälfte der fünfziger Jahre. Sie verbrauchen wenig Benzin, das immer noch knapp ist, und locken mit Preisen, die auch für den weniger betuchten Bundesbürger bezahlbar sind.

Dem Aufwärtstrend folgend wachsen einige dieser Gefährte zu günstigen Fahrzeugen der unteren Mittelklasse heran und machen etablierten Firmen wie Opel, VW oder Ford Konkurrenz. Aber bald können die Kleinen nicht mehr mithalten. Dem Investitionsvermögen der Großen haben sie nichts entgegenzusetzen. Mit Einfallsreichtum und Engagement allein ist gegen Fließbandproduktion und Finanzkraft nicht anzukommen. Hinzu kommt, dass Firmen wie BMW, Glas und NSU selbst groß ins Geschäft mit den kleinen Wagen einsteigen. Ein Kleinwagenhersteller nach dem anderen meldet Konkurs an. In diesen Jahren entstehen aber nicht nur die sogenannten Brot- und Butterautos. Regelrechte Luxuslimousinen werden auf die Räder gestellt. Es ist schon verwunderlich, dass Firmen wie Porsche, BMW oder Mercedes ihre Superwagen gerade in dieser Zeit auf den Markt bringen. Aber es geht ja auch um das Image: Edelschlitten wirken sich selbstverständlich auf den Verkauf „normaler" Autos aus.

Nobelkarosse der Wirtschaftswunderzeit: Mercedes-Benz 300

1953 werden ungefähr eine Million Pkw in der Bundesrepublik gefahren. Die Entwicklung geht schnell voran. Straßen- und Autobahnnetze werden ausgebaut. Die Wirtschaft läuft auf vollen Touren. 1960 wird Vollbeschäftigung verzeichnet. Ein neuer Begriff entsteht: Zweitwagen!

Sechziger Jahre: Die kuriosen Gefährte der Nachkriegszeit verschwinden aus dem Straßenbild. Die kleinen Autofirmen sind pleite oder haben rechtzeitig auf andere Produkte umgestellt. Selbst Borgward muss passen. Auto-Union/DKW werden zunächst von Daimler-Benz, später von VW übernommen, Glas geht an BMW. Nur die ganz Großen mit Fließbandproduktion, riesigen Werbeetats und funktionierenden Händlernetzen überleben.

Die sechziger Jahre avancieren zu den Goldenen Jahren des Automobils. Die noch junge Bundesrepublik steht wirtschaftlich gut da. Die Kaufkraft wächst, das Straßennetz wird zügig erweitert. Autobahnen sorgen für immer kürzer werdende Entfernungen. Urlaub kommt in Mode. Kaum ein Haushalt ist ohne Pkw. Das Auto wird zum wichtigsten Prestigeobjekt.

Star der sechziger Jahre: Porsche 911

Wenn man Audi dem VW-Konzern zurechnet und von NSU einmal absieht, existieren 1970 nur noch sechs deutsche Pkw-Hersteller. Betrüblich, wenn man an Autos wie die Borgward-Isabella oder den Ro 80 von NSU denkt. Für den internationalen Markt aber, auf dem die USA führend sind, und auf den Japan mit großer Macht drängt, ist die Konzentration von Vorteil. Die wirtschaftliche Kraft der professionell geführten Konzerne mit hohem Exportanteil sichert weltweit Marktanteile und in der Bundesrepublik Arbeitsplätze. Die Internationalisierung bedingt amerikanischen Einfluss, an Panoramascheiben und Heckflossen kommen auch die deutschen Karosserieschneider nicht mehr vorbei. Selbst Mercedes-Benz erlaubt sich einen solchen Modeschnörkel. Aber die Welle hält nicht lange. Bald sind klare Linien gefragt und eine immer niedriger werdende Bauweise. Steigende Verkehrsdichte und die beginnende Parkplatznot ab Mitte der sechziger Jahre zwingen zu kompakter Bauweise. Und obwohl Platzangebot und Kofferraum vergrößert werden, lassen sich die Außenmaße reduzieren.

Der Vorderradantrieb mit vornliegendem Motor setzt sich durch (DKW/Audi), aber auch der Heckmotor ist in neuen Konstruktionen erhältlich (Porsche/VW). Der nichtsynchronisierte erste Gang ist Ende der sechziger Jahre fast nicht mehr anzutreffen. Die Lenkradschaltung muss in der Regel wieder der Mittelschaltung weichen. Gürtelreifen, Scheibenbremsen, Sicherheitslenksäule, Verbundglas, Sicherheitsgurte und Kopfstützen sind neue Begriffe im Autovokabular, an die wir uns inzwischen längst gewöhnt haben.

Während 1950 in der Bundesrepublik rund 200 000 Pkw produziert werden, sind es 1960 bereits neunmal so viele: 1,8 Millionen. 1970 ist diese Zahl fast verdoppelt: 3,3 Millionen. Damit liegt Deutschland nach den USA an zweiter Stelle vor Japan, Frankreich, England und Italien. Den Hauptanteil der deutschen Produktion 1970 erreicht VW mit 1,5 Millionen Autos.

Spektakulär bereiten die Amerikaner 1969 mit der ersten bemannten Mondlandung den Eintritt in die siebziger Jahre vor. Damit stehen die folgenden zwei Jahrzehnte weitgehend im Zeichen der Raumfahrtforschung, eine Entwicklung, die der Autobranche wichtige Impulse gibt.

Getunter Ford Escort „Black Label"

BMW 3,0 CS Coupé mit 180 PS, gebaut 1974 bei Karmann

Enorme Preiserhöhungen durch die OPEC führen in Deutschland zu Geschwindigkeitsbegrenzungen und Sonntagsfahrverboten. Mancher Autobesitzer spielt mit dem Gedanken, sein leistungsstarkes und damit teureres Fahrzeug gegen ein kleineres, preisgünstigeres einzutauschen. Erstmals seit Ende des Zweiten Weltkriegs stagnieren die Neuzulassungen. Mitte der siebziger Jahre zieht die Nachfrage wieder an, um 1980 erneut zurückzugehen. Der Benzinpreis steigt unentwegt. Hinzu kommt das gewachsene Umweltbewusstsein. Die IAA 1985 wird in Fachkreisen als Katalysatormesse tituliert, nahezu alle bundesdeutschen Hersteller präsentieren Modelle mit geregeltem Dreiwegekatalysator.

Das Waldsterben wird unter anderem auch dem Auto angelastet. Aber das Auf und Ab geht weiter. Ist 1983 wieder ein Aufwärtstrend feststellbar, so gibt es schon drei Jahre später eine erneute Krise, verursacht durch die wenig einheitliche Politik der OPEC. Aber bereits nach einer kurzen Phase der Entspannung bedroht der Golfkrieg 1991 verstärkt die Automobilproduktion.

Mit den siebziger Jahren setzt ein Trend ein, der sich in den folgenden Jahrzehnten unablässig intensiviert: der Trend zum Drittwagen. Jugendliche wollen ihr eigenes Auto. Obwohl sie sich für Umweltschutz und Biotonne einsetzen, beim Thema "eigenes Auto" hört die Diskussion auf. Der Drang zum eigenen, möglichst sogar gestylten, getunten und frisierten Auto beherrscht die jungen Leute. Der junge Autokäufer setzt auf Imponierautos. Billiger als die Mercedes SLs und Porsches sollen sie allerdings schon sein. Richtig heiß müssen sie daherkommen. VW-Porsche, Ford Capri, Opel Manta, VW-Scirocco und so weiter heißen die Antworten der Autoindustrie. Brave Familienautos, wie beispielsweise der Ford Escort, werden in abenteuerlichsten Varianten und mit phantasiereicher Lackierung angeboten. Tuningfirmen haben Hochkonjunktur. Geschäftstüchtige Händler bieten in dickleibigen Katalogen alles an, was das Herz des jungen konsumfreudigen Autofans begehrt, vom Turbolader bis zum Spoiler für den aerodynamischen Feinschliff, vom Stereoturm mit weitverzweigtem Bordlautsprechernetz bis zum kompletten Powerpack. Wer will da widerstehen?

Und ganz plötzlich kommen die Trabis. Welch ein Kontrast! Wegen des Bedarfs in den neuen Bundesländern gerät der Gebrauchtwagenmarkt Anfang der neunziger Jahre in eine konjunkturelle Hochphase. Ein nicht vertrautes Bild: die ansonsten überquellenden Gebrauchtwagenmärkte sind leergefegt. So sorgt die Öffnung des Ostens dafür, dass ein erhöhter Neuwagenbedarf folgt. Der hält allerdings nicht lange an. Trotz üppiger Modellpolitik gibt es Mitte der neunziger Jahre schon wieder eine Absatzkrise.

Und mit der Globalisierung bricht die Fusionswelle aus: BMW/Rover, Daimler/Chrysler, VW/Rolls-Royce und kein Ende in Sicht. Die Konzerne drängen nach Macht und Größe, Gewinnmaximierung heißt die Parole. Doch pure Größe ist kein Garant für Erfolg, die Realität bleibt hinter den Erwartungen zurück. Mit einem riesigen Spagat wollen die deutschen Hersteller am Ende des zweiten Jahrtausends noch einmal punkten: Vom Dreiliter-Lupo mit 61 PS bis zum Audi W12 mit über 400 PS wird ein konkurrenzloses Programm geboten. Unzählige Modelle für jeden Geschmack und alle Einkommen. Ein Feuerwerk der Technik.

Von Audi wird am Ende des vorigen Jahrtausends der TT-Roadster ins Rennen geschickt

1886 BENZ *Patent Motorwagen*

Wo immer die Rede von der Geburtsstunde des Autos ist, ist auch die Rede von Carl Benz und Gottlieb Daimler, jenen Männern, die 1886 unabhängig voneinander und ohne sich überhaupt zu kennen die ersten Automobile bauen.

Als am 3. Juli 1886 die Bürger von Mannheim ihre Neue Badische Landeszeitung lesen, finden sie diese Nachricht: „Ein mittels Ligroingas zu betreibendes Velociped, welches in der Rheinischen Gasmotorenfabrik von Benz & Cie. konstruiert wurde, wurde heute früh auf der Ringstraße probiert...". Benz hat sein Ziel erreicht, der Wagen läuft.

1893 entsteht das erste vierrädrige Modell Victoria, mit dem sich Benz besonders gern zeigt. Auch die weiteren 1890er-Jahre-Benz Phaeton und Vis-à-Vis sind wie Kutschen gebaut und mit langsamlaufenden Heckmotoren ausgestattet. Es gibt aufklappbare Verdecke, Sonnendächer und Glasaufbauten und bis zu acht Sitzgelegenheiten.

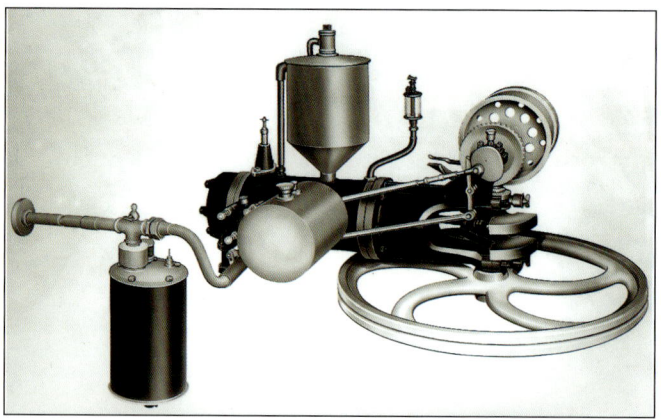

Motor des Benz Patent Motorwagens von 1886 mit 1 Zylinder, 984 cm³ Hubraum und 0,9 PS bei 400 U/min

Revolutionäre Idee einer neuen Fahrzeugart: Der Benz Patent Motorwagen, gebaut 1886

Benz Phaeton von 1895. Am Steuer Carl Benz, hinten im Wagen Tochter Clara

Schon im Jahr 1885 hatte Benz seine Idee zum Patent angemeldet, und am 29. Januar 1886 erhält er vom Kaiserlichen Patentamt unter der Nummer 37435 die Urkunde. In seiner kleinen Werkstatt arbeitet er nun Tag und Nacht an dem Wagen. Rohre werden gebogen und zu einem Chassis zusammengeschweißt. Die großen Drahtspeichenräder bestellt er bei der Firma Heinrich Kleyer in Frankfurt, die damals Hochräder herstellt. Den Motor ordnet er liegend hinter dem Sitz an. Ein flacher Lederriemen führt zu einer Welle unter dem Wagen. Auf dieser Achse gibt es ein starres und ein durchdrehendes Riemenrad. Vom Führersitz kann der Riemen über einen Hebelmechanismus vom Leerlaufrad auf das Antriebsrad gelenkt werden. Eine filigrane Zahnstangenlenkung, die über eine Kurbel auf das Vorderrad wirkt, verschafft dem Gefährt eine erstaunliche Wendigkeit.

In einem Artikel vom 15. September 1886 schreibt der Mannheimer Generalanzeiger: „Wir glauben, daß dieses Fuhrwerk eine gute Zukunft haben wird, weil dasselbe ohne viele Umstände in Gebrauch gesetzt werden kann und weil es, bei möglichster Schnelligkeit, das billigste Beförderungsmittel für Geschäftsreisende, eventuell auch für Touristen werden wird...". Benz baut 25 solcher Dreirad-Motorwagen, die für rund 3 000 Mark verkauft werden.

Der Benz Vis-à-Vis von 1894 erreicht mit 5 PS bereits 40 km/h

1886 DAIMLER *Motorkutsche*

Eine unsichtbare Kraft bewegt eine Kutsche, die bislang von Pferden gezogen wurde, das hatte es vorher noch nie gegeben: Daimler Motorkutsche von 1886. Gottlieb Daimler sitzt im Fond seiner Motorkutsche, am Steuer sein Sohn Adolf

Daimler Motorkutsche von 1886 (Daimler-Benz Museum) mit Einzylindermotor, 469 cm³ Hubraum und 1,5 PS bei 700 U/min. Die Höchstgeschwindigkeit beträgt 16 km/h

Gottlieb Daimler hat schon früh erkannt, dass sich der von Nikolaus Otto erfundene Gasmotor bestens zum Antreiben von Fahrzeugen eignen würde. Einen Haken hat die Sache allerdings: Die Maschinen sind viel zu groß.

1885, neun Jahre nach Ottos genialer Erfindung, haben Daimler und sein Mitarbeiter Wilhelm Maybach ihr Ziel erreicht. In ihrer kleinen Werkstatt in Bad Cannstadt entsteht ein kompaktes und schnelllaufendes Antriebsaggregat. Diese Maschine baut man ein Jahr später in eine Pferdekutsche ein, die als Daimler Motorkutsche in die Automobilgeschichte eingehen wird.

Daimler beginnt 1892 mit dem Serienbau, und sein Name wird berühmt: Daimler-Motoren können nicht nur Automobile, sondern auch Boote und Flugzeuge antreiben. Diese drei Antriebsmöglichkeiten symbolisieren noch heute die drei Strahlen des Mercedes-Sterns. Wie kommt es zu dem Namen Mercedes? Prominenz trifft sich 1899 in Nizza, um den Start einer Automobil-Tourenfahrt zu erleben. Darunter ein gewisser Emil Jellinek, der einen Daimler-Phoenix-Wagen unter dem Namen seiner kleinen Tochter anmeldet: Mercedes. Und der Mercedes rattert als erster durchs Ziel. Grund genug für den wohlhabenden Jellinek, Daimler den Alleinvertrieb seiner Wagen in mehreren Ländern anzubieten. Voraussetzung: Die Fahrzeuge müssen die Bezeichnung Mercedes tragen.

1898 OPEL Lutzmann

Viele Firmen beschäftigen sich kurz vor der Jahrhundertwende mit dem Automobil. Sie tüfteln und konstruieren im Wettlauf mit der Zeit. Für Opel wäre der „Zug fast abgefahren", hätte man nicht zufällig von der Konstruktion eines gewissen Friedrich Lutzmann erfahren.

Der in Dessau ansässige Hofwagenbauer sorgt, wie andere Genies auch, mit einer eigenen Motorwagen-Konstruktion für Aufsehen. Den Opel-Brüdern gefällt die Konstruktion: sie erwerben 1898 das Patent und kaufen Lutzmanns Betrieb gleich mit.

So ist bei den ersten in Rüsselsheim produzierten Fahrzeugen zwar vom Opel-Motorwagen die Rede, doch der Zusatz "System Lutzmann" verrät Kennern die wahre Herkunft. Opel vermarktet den Motorwagen geschickt. Es gibt die unterschiedlichsten Versionen und Ausstattungen. Am besten verkaufen sich die Zweisitzer, aber auch Drei- und Viersitzer werden angeboten.

Man muss schon etwas Mut haben, um den Motor zum Laufen zu bringen. Eine Andrehvorrichtung gibt es nicht, hier hilft nur der direkte Griff ins Schwungrad. Auch das Lenken mit einem zur Lenkkurbel ausgebildeten Lenkrad ist gewöhnungsbedürftig. Jeder Handgriff will wohlüberlegt sein. Aber man hat ja Zeit. Schnell ist der Wagen ohnehin nicht, und zwei Fahrstufen reichen um die Jahrhundertwende vollkommen aus.

Der Opel Lutzmann, genauer: Opel Patent-Motorwagen "System Lutzmann", wird ab 1898 gebaut, Anfang 1899 rumpelt der erste Wagen aus der Werkshalle. Der Einzylinder Motor mit 4 PS erreicht 18 - 20 km/h. Auf dem kleinen Foto links ist der „Packwagen" mit geschlossenem Kasten zu sehen

1902 MERCEDES *Simplex*

Mercedes Simplex 18/22 PS von 1902. Neben dem Mann am Steuer sitzt Wilhelm Maybach (im hellen Anzug)

Simplex Tourenwagen mit 28 PS und 60 km/h Spitze

Mercedes 35 PS-Rennwagen von 1902

Der Simplex ist der erste von Daimler „Mercedes" genannte Wagen und einer der erfolgreichsten in dieser noch sehr jungen Automobilzeit. Weil sich mit der Bezeichnung Mercedes auch große Rennerfolge einstellen, lässt Daimler sich noch 1902 „Mercedes" markenrechtlich schützen. Zu der Bezeichnung Simplex kommt es, weil dieser Wagen viele Vereinfachungen in der Bedienung aufweist. Außerdem unterscheidet sich der Simplex von seinen Vorgängern durch eine tiefere Schwerpunktlage, längeren Radstand und eine Druckschmierung, die vom Fahrer genau dosiert werden kann. Die Kraftübertragung erfolgt vom Motor über die Kupplung zum Getriebe mit Differential und Kettenradwelle mit beiderseitigen Kettenrädern für den Antrieb der Hinterräder. Die Holzspeichenräder sind mit Niederdruckbereifung ausgestattet.

1909 OPEL *Doktorwagen*

Opel präsentiert 1909 ein Automobil, das sich als geradezu ideal für jene erweist, die beruflich auf einen fahrbaren, möglichst unkomplizierten Untersatz angewiesen sind. Die vorrangige Zielgruppe: Ärzte. Ihnen, aber auch anderen Berufsgruppen, macht die Werbung ein Fahrzeug schmackhaft, das man bequem allein, ohne Chauffeur, auf allen Straßen bewegen kann. Für das schnelle Vorwärtskommen sorgen acht PS, die Kraft wird über ein Dreiganggetriebe auf die Hinterachse übertragen. Eine vernünftige Fußbremse gibt es auch.

Reifenpannen sind damals an der Tagesordnung, überall liegen Hufnägel herum. Deshalb vereinfacht Opel durch komplett abnehmbare Felgen den Reifenwechsel. Ein Automobil mit solchen Annehmlichkeiten muss sich einfach gut verkaufen, zumal der Doktorwagen dank enormer Nachfrage gegenüber dem Vorgängermodell zum halben Preis angeboten wird. Fazit: Der Doktorwagen ist das Automobil, das Opel zum großen Durchbruch verhilft – vorerst zumindest.

Der Opel Doktorwagen findet schnell viele Liebhaber. Er gilt als unkompliziertes und recht preisgünstiges Fahrzeug. Mit abnehmbaren Stahlfelgen, Hochdruck-Luftreifen und Handhupe ist er 1909 komplett für 3 950 Goldmark zu haben. Der Doktorwagen ist mit einem Vierzylindermotor mit 1 000 cm^3 Hubraum ausgestattet. Seine 8 PS bringen eine Höchstgeschwindigkeit von 55 km/h. Er wird 1909/1910 gebaut. Opel hat 1898 insgesamt 11 Automobile gebaut, 1905 sind es 400, und mit dem Doktorwagen kommt Opel 1909 erstmals auf über 1 000 Einheiten.

1912 WANDERER *Puppchen*

Dieses Puppchen wird 1913 in Nürnberg fotografiert. Unten rechts: Puppchen reisen 1915 als Meldewagen an die Kriegsfront

Wanderer Kleinkraftwagen W1 mit 12 PS, genannt Pupppchen

Mit ausgeglichener Form: Puppchen 5/15 PS von 1916

Bei der Uraufführung einer Kollo-Operette rollt der neue Wanderer-Kleinwagen W1 als Dekoration auf die Bühne: gerade in dem Augenblick, als das Lied „Puppchen, du bist mein Augenstern" gesungen wird. Die Gelegenheit lässt sich der Volksmund nicht entgehen. Der Spitzname „Puppchen" setzt sich durch und hält konsequent bis zur letzten Version. Das Puppchen kommt an, es wird ein Verkaufsschlager und bringt den Wanderer-Werken in Schönau bei Chemnitz bis dahin nicht gekannte Popularität. Im Krieg bewährt sich der W1 als Meldewagen. Später wird er, immer auf demselben Fahrgestell, zum Drei- und Viersitzer weiterentwickelt. In der W8-Version ab 1925 erhält das Puppchen den letzten Schrei damaliger Fahrzeugtechnik: dicke Wulst-Ballonreifen. Sinnvollere Details, zum Beispiel eine Vorderradbremse, führt Wanderer erst Monate später ein.

Über 9 000 Puppchen der Typen W1 bis W8 werden von 1912 bis 1926 gebaut. Stückzahlen, die Wanderer später nicht mehr erreichen kann. 1932 wird Wanderers Automobil-Abteilung von der Auto Union übernommen.

1924 OPEL Laubfrosch

Nach vollständiger Umgestaltung der Werke auf Fließbandfertigung bringt Opel 1924 den ersten deutschen Serienwagen auf den Markt: einen kleinen, leistungsfähigen Zweisitzer mit einem 4/12 PS Vierzylindermotor. Er ist mit Druckschmierung, elektrischem Anlasser, Innenschaltung und Scheibenkupplung ausgerüstet, läuft 70 km/h und kostet 4 000 Mark. 1924 baut Opel mit 2 400 Mitarbeitern 4 571 Fahrzeuge dieses revolutionären Typs, etwa 25 Stück am Tag. Wenig später muss die Produktion – inzwischen um einen Viersitzer erweitert – auf 125 Exemplare täglich gesteigert werden.

1926 senkt Opel den Preis für den Kleinwagen, dem der Volksmund wegen seiner grünen Lackierung sogleich den Spitznamen Laubfrosch verpasst, auf 2 950 Mark. Der Erfolg lässt sich messen: mit 42 771 Wagen im Jahr 1928 hat sich die Jahresproduktion bei Opel gegenüber 1924 nahezu verzehnfacht. An der deutschen Automobilproduktion ist Opel mit 37,5 Prozent, am deutschen Autoexport mit 30,8 Prozent beteiligt.

Opel Laubfrosch von 1924 mit Vierzylindermotor, 951 cm^3 Hubraum, 12 PS und 66 km/h Höchstgeschwindigkeit

Opel präsentiert bei einer Veranstaltung 1924 eine Tagesproduktion seines Serienwagens – 25 Laubfrösche sind auf der Opel-Bahn aufgefahren. Diese Zementbahn wurde 1917 mit einer Strecke von 1500 m erbaut und gilt als größte ihrer Zeit in Europa

1924 HANOMAG *Kommissbrot*

Der Hanomag 10 PS geht als „Kommissbrot" in die Automobilgeschichte ein. Gebaut wird der Kleinwagen von 1924 bis 1928. Unten links im Hintergrund ist der Kommissbrot als zweisitzige Limousine mit Holzspeichenrädern zu sehen, davor der Hanomag 3/16 PS als Cabriolet von 1929

Fidelis Böhler baut 1923 in Berlin einen Prototypen. Hanomag kommt, sieht und übernimmt Konstruktion samt Konstrukteur. Kein schlechter Fang. Das Fahrzeugkonzept ist in vielen Details seiner Zeit voraus. Um Platz zu gewinnen, wird auf Kotflügel und Trittbretter kurzerhand verzichtet. So entsteht quasi die erste Pontonkarosserie für einen Gebrauchswagen. Und das immerhin 25 Jahre, bevor es den Nachfolger Borgward gibt. Der Volksmund ist bei solch ungewöhnlicher Karosserie natürlich gleich wieder zur Stelle: Kommissbrot.

Betrachten wir den Wagen von der technischen Seite. Die Vorderachse wird mit zwei übereinanderliegenden Querblattfedern unabhängig gefedert. Es gibt nur einen Mittelscheinwerfer, dafür aber gleich zwei Hupen und einen Scheibenwischer mit je einem Blatt für außen und innen. Der Einzylinder-Motor ist vor der differentiallosen Hinterachse angebracht.

Trotz der simplen Technik avanciert der Kommissbrot zum meistgebauten und populärsten Automobil seiner Zeit. Hanomag produziert in drei Jahren mehr als 15 000 Stück.

1926 MERCEDES-BENZ S, SS, SSK, SSKL

Sie sind die interessantesten Typen, die nach der Fusion von Daimler und Benz präsentiert werden: Die Kompressorwagen S, SS, SSK und SSKL. Dies sind die Abkürzungen für Sport, Super Sport, Super Sport Kurz und Super Sport Kurz Leicht. Die Reihe zeichnet sich durch besonders mächtige Motoren und die niedrige Bauart aus. Der SSKL wird zum erfolgreichsten Rennsportwagen jener Zeit.

Der „S" debütiert 1926. Er basiert auf einem Niederrahmenfahrgestell von nur 1 270 kg. Der zuschaltbare Kompressor putscht bei Bedarf die Leistung der 6,8-Liter-Maschine von 120 PS hoch auf 180 PS.

Der „SS" verfügt über einen 7,1-Liter-Hubraum, ist aber wie der „S" für den Wettbewerbssport mit zu langem Radstand behaftet. Der „SSK" mit seinem kürzeren Radstand lässt sich schneller in enge Kurven ziehen. Der „SSKL" schließlich ist abgespeckt und leichter als seine Artgenossen.

Die Kompressorwagen gelten als äußerst nobel. Unzählige Karosserieversionen und Sonderaufbauten sind zu haben oder können nach individuellen Wünschen bestellt werden. In Fachkreisen gelten heute die Kompressorwagen, die nur in geringer Stückzahl gebaut wurden, als absolut gewinnbringende Geldanlage.

Mercedes-Benz S mit Kompressor, Sechszylindermotor mit 6 800 cm^3 Hubraum und 180 PS

Mercedes-Benz SSK mit Kompressor, Sechszylindermotor mit 7 069 cm^3 Hubraum und 225 PS. Links: SSKL mit ebenfalls Sechszylindermotor mit 6 800 cm^3 Hubraum, aber mit 300 PS, die den Rennwagen auf 210 km/h bringen

Mercedes-Benz SS Cabriolet, Karosserie von Castagna, mit Sechszylindermotor, 7 065 cm^3 Hubraum und als Kompressor mit 200 PS

1928 BMW *Dixi*

BMW Dixi von 1928 mit Vierzylindermotor, 748 cm³ Hubraum, 15 PS und 75 km/h Spitze als Limousine. Unten ist die Rennsportausführung des Dixi zu sehen und ganz unten ein offener Zweisitzer von 1929

Dieses Auto entsteht in einer Zeit, in der jeder Autohersteller von der Massenproduktion eines Kleinwagen träumt. So auch die Fahrzeugfabrik Eisenach, die 1896 gegründet wird. Zu einer eigenen Konstruktion kommt man nicht, deshalb werden kurzerhand die Lizenzrechte des englischen Austin Seven erworben. Eine gute Entscheidung, der Dixi wird schnell populär und erreicht für die Eisenacher bis dahin unbekannte Stückzahlen.

1928 übernimmt BMW die Dixi-Werke und baut weiter. Nur das Kühleremblem wird ausgetauscht. 1929 wird der Dixi von BMW verändert. Es gibt keine Trittbretter mehr, dafür einen größeren Karosserieaufbau. Man wirbt mit dem Slogan: „Innen größer als außen". Bis 1932 werden die Dixis gebaut, insgesamt 25 000 Stück. Es gibt verschiedene Karosserievarianten, Kurbelfenster, verstellbare Sitze und ab 1931 sogar eine vordere Schwingachse. Der Dixi gilt als das erste BMW-Automobil.

1928 FORD A

In Berlin wird 1925 die Ford Motor Company AG gegründet, die den deutschen Markt mit amerikanischen Ford-Modellen beliefern soll. 1926 folgt eine Montagehalle in Berlin und 1930 beginnt der Bau des Kölner Ford-Werkes. In Berlin startet im August 1928 die Montage des neuen Ford A. Der Ford A ist ein außerordentlich erfolgreicher Wagen, weltweit sind zu dieser Zeit fast die Hälfte aller Automobile Ford A-Modelle. Die Tagesproduktion der Berliner Montagefabrik beläuft sich 1929 auf rund 90 Wagen.

Der Ford A ist mit einem Vierzylindermotor mit 3 236 cm³ Hubraum und 40 PS bei 2 200 U/min ausgestattet, der eine Höchstgeschwindigkeit von etwa 100 km/h erreicht. Speziell in Europa wird neben der 40 PS-Version eine 28 PS-Variante angeboten. Neben der geschlossenen Limousine mit vier Türen gibt es ab 1930 eine zweitürige Luxusversion und ein 2/2 Cabriolet. Auch der Karosserieschneider Drauz bietet ab 1932 eine Cabriolet-Version an. Das erste Modell, das im neuen Kölner Werk montiert wird, ist 1931 ein Ford A Lastwagen.

Ford Modell A Cabriolet 2/2 Sitze, Ausführung von 1930

Ford Modell A. Insgesamt werden 23 548 Ford A gebaut

Ford Modell A Cabriolet, Karosserie Drauz. Unten: Ford A Tudor Sedan, Baujahr 1929

1930 MERCEDES-BENZ *Großer Mercedes*

Großer Mercedes Coupé, Karosserie Neuss, Baujahr 1930, 150/200 PS, Achtzylindermotor, 7 655 cm³ Hubraum, Spitze 150/170 km/h

Großer Mercedes Cabriolet, Baujahr 1938, Achtzylindermotor mit 155/230 PS. Rechts: Großer Mercedes „Kaiserwagen" von 1930, am Steuer Oberwagenführer Walter Lange. Unten: Großer Mercedes von 1930 mit Achtzylindermotor mit 150 PS (Kompressor 200 PS), 7 655 cm³ Hubraum und einer Höchstgeschwindigkeit von 160 km/h

In der Tat groß ist der „Große Mercedes" mit seinen 5 600 mm Länge. Auch das zulässige Gesamtgewicht von 3 500 kg ist für einen Personenwagen nicht alltäglich. Die imposante Erscheinung prädestiniert den Großen Mercedes dazu, das Fahrzeug von Staatsoberhäuptern zu sein. Wer ihn fahren will, darf allerdings keine Kosten scheuen, denn je nach Ausführung müssen bis zu 47 500 Reichsmark für diese Anschaffung ausgegeben werden.

Der Große Mercedes ist ein sechs- bis siebensitziger Personenwagen und wird ab 1930 gebaut. Zunächst noch auf einem Fahrgestell der klassischen Bauart mit Kastenrahmen und Halbelliptikfeder. Der Motor wird auf Wunsch mit Kompressor geliefert, wodurch sich die Leistung von 150 PS auf 200 PS steigern lässt. 1938 wird der Große Mercedes mit neuer Fahrwerkstechnik, Ovalrohr-Niederrahmen, Einzelradaufhängung, Schwingachse und fünfgängigem Synchron-Getriebe aufgewertet.

1930 MAYBACH *Zeppelin*

Der Maybach Zeppelin wird von einem Zwölfzylindermotor in V-Form mit 150 PS bei 2 800 U/min angetrieben. Der Hubraum beträgt 6 962 cm^3, die Höchstgeschwindigkeit 145 km/h. Gebaut wird der Zeppelin in dieser Version von 1930 bis 1934, er ist zu einem Preis von 30 000 Mark erhältlich. Ganz oben ist eine sechs- bis siebensitzige Pullmann Limousine abgebildet, oben ein Cabriolet der Karosserie-Spezialfirma Baur

Sechs- bis siebensitziges Cabriolet, zum Teil aufklappbar

Maybach: Eine Luxusmarke, die man in einem Atemzug mit Horch und Daimler-Benz nennen muß. Zunächst bekannt für Luftschiffe und Flugzeugmotoren, beginnt der Automobilbau bei Maybach 1922 mit dem "W3". Er besitzt einen elastischen Motor, der ohne Getriebe auskommt.

Mitten in der Weltwirtschaftskrise erscheint 1930 der berühmte Zeppelin mit Zwölfzylindermotor. Ein Nobel-Mobil bester Qualität, das in zwölf Jahren allerdings nur 340 Käufer findet. Die Aufbauten werden bei einschlägigen Karosseriebauern hergestellt.

Das technisch interessanteste Detail des Maybach ist die Funktionsweise seines Getriebes. Es wird über zwei kleine Hebel direkt an der Lenkradnabe geschaltet. Man braucht nur das Gas wegzunehmen, die Hebel in ihre entsprechende Position zu bringen, und schon ist man – ohne zu kuppeln – im nächsten Gang. Der Mittelschalthebel dient zum Einlegen des Rückwärtsgangs und zum Einschalten des Vorgeleges für schwieriges Gelände.

Luxuswagen dieser Klasse werden damals nur selten von Privatleuten angeschafft. Viel häufiger schmücken sich Direktoren großer Konzerne mit solchen Nobelgefährten als Firmenwagen.

Wilhelm Maybach wird zunächst als Ingenieurspartner von Gottlieb Daimler bekannt, der ihn 1873 zu den Gasmotorenwerken Deutz geholt hat, wo er eine Reihe konstruktiver Meisterstücke abliefert. Nach Daimlers Tod gründet Maybach zusammen mit seinem Sohn Karl und dem Grafen Zeppelin ein eigenes Werk in Friedrichshafen, das zunächst Luftschiffmotoren und später jene teuren, großvolumigen Maybach-Automobile herstellt, deren bekanntester Typ der Zeppelin wird.

1934 ADLER *Trumpf Junior*

Er wartet mit der ersten Lenkradschaltung der Welt auf: der Adler Trumpf Junior. Von Röhr und Dauben entwickelt ist der Trumpf Junior der Nachfolger der Röhr-Wagen, natürlich mit Frontantrieb und unabhängiger Federung. Neben dem Primus ist der Trumpf der erfolgreichste Adler und zudem wesentlich moderner.

Die Kastenplattform ist mit der Karosserie fest verbunden, fast eine selbsttragende Karosserie. Als Trumpf Junior erscheint der Wagen 1934 zunächst mit kunstlederüberzogener Leichtbaukarosserie, die anspruchsvollere Stahlblechversion folgt. Ab 1936 bietet Adler den Trumpf Junior als Limousine, Cabrio-Limousine und als sportlichen, offenen Zweisitzer an. Viele Karosseriebauer, vor allem Karmann in Osnabrück, kleiden den Wagen mit gelungenen Aufbauten ein.

Ende 1939 rollen über 100 000 "Trümpfe" auf Landstraßen und Autobahnen. Pläne, den erfolgreichen Typ nach dem Krieg wieder aufzulegen, können nicht verwirklicht werden. Prototypen werden verschrottet. Einen Beitrag zur Massenmotorisierung leistet Adler erst wieder in den fünfziger Jahren mit einem Motorroller.

Der Adler Trumpf Junior der ersten Serie von 1934 ist mit einem Vierzylindermotor mit 995 cm³ Hubraum mit 25 PS ausgestattet. Höchstgeschwindigkeit: 90 km/h

Ein von Karmann hochwertig verarbeitetes Cabriolet auf der Basis des Adler Trumpf 1,7 AV. Unten: Adler Trumpf Junior als Cabrio-Limousine

1934 MERCEDES-BENZ 500 K/540 K

Dieses schnittige Sportcoupé Mercedes-Benz 500 K läuft bei Daimler-Benz unter der Bezeichnung "Autobahn-Kurier"

Mercedes-Benz 500 K Cabriolet von 1934, 160 PS-Achtzylindermotor mit 5 019 cm³ Hubraum, 160 km/h Spitze. Links: 540 K, zweisitziger Spezial-Roadster. Unten: 540 K Cabriolet von 1939, 180 PS-Achtzylindermotor mit 5 401 cm³ Hubraum und 180 km/h Höchstgeschwindigkeit

Mit den Typen 500 K und 540 K verbindet sich noch einmal der Welterfolg der S- und SS-Modelle. Sie sind zwar nicht so sportlich, aber unter den gewaltigen Hauben verbirgt sich eine faszinierende Technik. Die Linienführungen der verschiedenen Karosserieaufbauten sind außerordentlich elegant: Die Traumwagen der dreißiger Jahre.

Der 500 K, der 1934 erscheint, basiert auf dem Sportwagen-Typ 380, einem Vollschwingachser mit Aufhängung der Vorderräder an Parallelogramm-Lenkern, die sich nun auch vorne der Schraubenfedern bedienen. Der Nachfolger 540 K setzt die Reihe der schnellen Kompressorwagen fort und beschließt sie mit Beginn des Zweiten Weltkrieges.

Was aus den Trümmern des Dritten Reiches gerettet werden kann, wird inzwischen von Liebhabern auf der ganzen Welt restauriert. Früher waren es die Großen dieser Welt, die solche Autos besaßen. Heute sind es die Liebhaber klassischer Automobile, die mit großem finanziellen und ideellen Aufwand diese Schmuckstücke erhalten.

1935 FORD *Eifel*

Der Ford Eifel ist einer der erfolgreichsten Personenwagen vor dem Zweiten Weltkrieg. Von 1935 bis 1939 wird er 61 495-mal gebaut. Die Konstruktion des Ford Eifel hat Köln von den britischen Ford-Werken übernommen. Der Vierzylindermotor mit 1 172 cm³ Hubraum leistet 34 PS bei 4 250 U/min und treibt die Hinterräder an. Das Dreigang-Getriebe wird über einen Schalthebel in Wagenmitte betätigt. Die Höchstgeschwindigkeit der Limousine liegt bei annähernd 100 km/h.

Viele unterschiedliche Ausführungen werden angeboten: Limousinen und Cabrio-Limousinen, Cabriolets von Gläser und Deutsch und Roadster von Stoewer und Karmann. Den deutschen Käufern, besonders den weiblichen, gefällt die Zweifarbenlackierung der Cabriolets und Roadster. Bevorzugt werden die Kombinationen rot/schwarz und schwarz/elfenbein. Kostet die zweitürige Limousine knapp 2 600 Mark, so müssen für den Roadster 2 850 Mark bezahlt werden.

Das Fahrwerk besteht aus einem Pressstahlrahmen mit U-Profil. Vorn hat der Eifel eine Starrachse mit Querfeder und Dreiecksstrebe plus Schubkugel. Hinten wird ebenfalls eine Starrachse mit Querfeder verwendet. Alle Schmierpunkte müssen von Hand über Nippel gefettet werden. Der Wendekreis liegt bei 10 m.

Da kommt Urlaubsstimmung auf: Ford Eifel Cabriolet. Man beachte die heruntergeklappte Windschutzscheibe

Ford Eifel als Roadster. Dieser schmucke Zweisitzer wird 1939 bei Karmann gebaut. Links: Die Limousine von 1935

Diese urige Ford Eifel Zugmaschine wird bei einer Kölner Speditionsfirma im Güternahverkehr eingesetzt

1936 MERCEDES-BENZ *260 Diesel*

Sechssitzige Mercedes-Benz Pullman-Limousine 260 D mit Dieselmotor. Unten: Werkstattzeichnung des Dieselmotors von 1936. Unten rechts: Bei der Berliner Automobilausstellung im Februar 1936 wird der erste serienmäßig hergestellte Diesel-Personenwagen der Welt präsentiert: Vierzylinder-Dieselmotor mit 2 545 cm³ Hubraum, 45 PS und 90 km/h Spitze

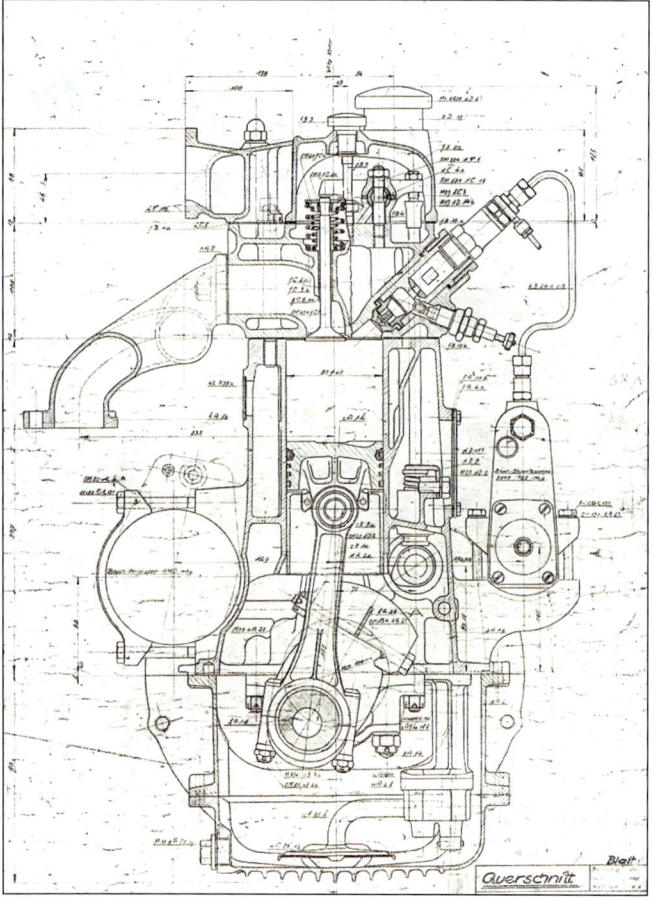

Im Grunde genommen ist der 260 D nichts anderes als ein Mercedes-Benz 230 mit Dieselmotor, so wie auch heute noch die Reihe der Mittelklassemodelle bei Mercedes-Benz wahlweise mit Benzin- oder Dieselmotor angeboten wird. Dennoch ist der 260 D eine Sensation. Zum ersten Mal ist es gelungen, den Lauf des Dieselmotors, der bis dahin dem Antrieb von Lastwagen vorbehalten war, so weit zu kultivieren, dass er auch in einem Personenwagen Verwendung finden kann.

Mit elf Litern des preiswerten Dieselkraftstoffs rollt der 1 680 Kilogramm schwere Wagen 100 Kilometer weit. Vor allem das Taxigewerbe ordert das neue „Sparmobil", und selbst normale Verbraucher zeigen Interesse am preiswerten Diesel. So werden neben der geräumigen Pullmann-Limousine bald einfache Limousinen und sogar Cabriolets mit Dieselmotor angeboten.

1936 MERCEDES-BENZ *170 V*

Auch der Mercedes 170 V wird auf der Berliner Automobilausstellung 1936 vorgestellt: Eines der erfolgreichsten Automobile, das je unter dem Zeichen des Silbersterns gebaut wurde. Die Produktion startet allerdings bereits Ende 1935. Neben der Limousine, die wahlweise mit zwei oder vier Türen ausgestattet ist, gibt es den 170 V schon bald als elegantes zweisitziges und als geräumiges fünfsitziges Cabriolet oder als Cabrio-Limousine. Der Wagen wird als Roadster angeboten und man kann ihn sogar als praktischen Kastenwagen ordern. Für Polizei und Heer ist ein Kübelwagen im Programm.

Der 170 V wird angetrieben von einem Vierzylindermotor mit 1 697 cm^3 Hubraum mit 38 PS und bringt es auf eine Höchstgeschwindigkeit von 108 km/h.

Nach Kriegsende wird der 170 V bis 1953 weitergebaut, zunächst als offener Pritschenwagen, dann als Krankenwagen und 1947 auch wieder als Limousine. 1949 gesellen sich der 170 D (Diesel) und der 170 S (S-Klasse) dazu. Der 170 D ist bis auf den Dieselmotor mit dem 170 V identisch. Der 170 S ist jedoch wesentlich komfortabler, von einer größeren Karosserie eingekleidet und leistungsstärker.

1936: Mercedes-Benz 170 V, ein anspruchsloser, zuverlässiger Mittelklassewagen für die Massenproduktion

Nach dem Zweiten Weltkrieg wird der 170 V von 1946 bis 1953 weitergebaut (oben). Links: 170 V, wie er von 1936 bis 1942 gebaut wird. Unten: 170 V als Roadster – im Kofferraum sind zwei Notsitze / Kindersitze untergebracht

1936 BMW *328*

Vier BMW 328 starten 1938 bei der Mille Miglia. Der 328 gilt als einer der rassigsten Sportroadster aller Zeiten. Mit seinem Sechszylindermotor mit 1 971 cm³ und 80 PS erreicht er eine Höchstgeschwindigkeit von 150 km/h

Er kam, fuhr und siegte: 1936 auf dem Nürburgring mit Ernst Henne. Seither ist der BMW 328 einer der begehrtesten Sportwagen aller Zeiten. In Sammlerkreisen erzielt er Höchstpreise. Bei Oldtimerveranstaltungen steht er im Mittelpunkt des Interesses. Von den insgesamt 461 gebauten Exemplaren, die ab Juni 1937 käuflich zu erwerben sind, sollen noch heute 150 existieren.

Der BWM 328 ist ein echter Sportwagen mit entsprechenden Fahreigenschaften. Er ist ausgestattet mit einem Leichtmetall-Zylinderkopf und drei Fallstromvergasern. Das Vierganggetriebe ist an den Motor angeflanscht. Der mit Kastenquerträgern verstärkte Rohrrahmen trägt einen leichten Aufbau mit zwei Sitzplätzen. Für Gepäck bleibt da kein Platz.

Bei den Mille Miglia 1938 starten vier BMW 328. Alle erreichen das Ziel und belegen in ihrer Klasse die ersten Plätze. 1940 sichert sich Huschke von Hanstein mit einer 135 PS starken Leichtbauversion, die eine Spitzengeschwindigkeit von 200 km/h erreicht, ebenfalls einen Sieg bei den Mille Miglia. Produziert wird der BMW 328 von 1936 (in diesem Jahr werden allerdings nur zwei Exemplare für Wettbewerbszwecke gebaut) bis 1940. Es gibt vorzügliche Ausstattungen mit Sitzen und Verkleidungen in feinstem Leder – die Preise liegen bei 7 400 Mark.

1937 HORCH 853

Horch-Automobile galten stets als nobel. Schauspieler und andere Prominente ließen sich gern mit ihnen ablichten und man kann sie noch heute in vielen Filmen aus jener Zeit bewundern. Horch-Automobile gab es zwar seit 1900, aber erst in den dreißiger Jahren werden sie so richtig berühmt.

1931/32 geht Horch in der Auto-Union auf, jenem Konzernzusammenschluss, der den Firmen DKW, Wanderer, Audi und Horch im hartumkämpften Markt eine Überlebenschance bietet. DKW baut Kleinwagen, Wanderer die untere und Audi die obere Mittelklasse. Horch bedient den Marktanteil der Luxuswagen.

Der Horch 853 zählt zu den berühmtesten Klassikern. Damals kostet er 15 000 Reichsmark. Zwar erhält man für wesentlich weniger Geld schon schnellere Autos, aber mit diesen Gefährten fällt man kaum auf. Der 853 täuscht durch seine Linienführung eine hohe Geschwindigkeit vor. In Wirklichkeit bleibt die Tachonadel des zwei Tonnen schweren Wagens bei etwa 130 km/h stehen. Der weich laufende Achtzylindermotor tut es kaum unter 25 Litern auf 100 km. Etwa 1 000 Exemplare werden vom Horch 853 gebaut, von denen heute noch noch rund 100 in den Händen von Oldtimerliebhabern sein sollen.

Horch 853 Sportcabriolets: Ganz oben die Version von 1937, darunter der Horch 853 B von 1938. Links ist das Stromliniencoupé des Horch 853 zu sehen, das von Erdmann und Rossi geschneidert ist. Unten das Horch 853 Sedan Cabriolet von 1936. Die äußerst elegant geschnittenen Horch 853 sind mit einem Achtzylindermotor mit 4 944 cm³ Hubraum und 120 PS bei 3 600 U/min ausgestattet. Die Höchstgeschwindigkeit von 130 km/h hält weniger als das rasante Äußere verspricht. Dennoch ist Horch die Marke der "Oberen Zehntausend"

1938 OPEL *Admiral*

Auch Opel reagiert auf die Nachfrage nach größeren Reisewagen und entwickelt neben der Vierzylinderserie auch einige Sechszylindertypen. Zur Internationalen Berliner Automobilausstellung 1937 präsentiert Opel gleich zwei neue "Große": den Super 6 und den Admiral, den mit 75 PS stärksten Opel-Personenwagen, der allerdings erst ein Jahr später in Serie geht. Er wird von jenem Sechszylindermotor angetrieben, der schon für den Opel-Blitz-Dreitonner zuständig ist. Genau das Richtige für einen schweren PKW, der gut 1 600 kg auf die Waage bringt.

Opel Admiral Cabriolet von Baur, Baujahr 1939

Andere Fahrzeuge dieses Kalibers gehören bereits zu den teureren Luxusmobilen. Nicht so bei Opel: Warum sollte der Käfer nicht von den Preisvorteilen des Großserienbaus profitieren? Für 7 000 Mark kann man den Komfort des Admirals genießen: Ein extrem leiser Motor mit Autobahn-Dauergeschwindigkeit von 115 km/h, mit Sitzpolstern wie Sessel und mit stoßfreier Federung.

Opel bietet den wuchtigen Admiral serienmäßig viertürig als Limousine oder Cabriolet an. Sonderaufbauten aller Art sind möglich. Besonders chic: Das Cabrio von Gläser aus Dresden. Von Hebmüller gibt es ebenfalls eine elegante Cabriolet-Version sowie einen geschlossenen Aufbau mit sechs Seitenfenstern.

Der Kriegsausbruch stoppt 1939 die Produktion des Admiral. Opel benötigt jeden 3,6-Liter-Motor für den LKW-Bau. Dennoch bringt es der Admiral innerhalb seiner zweijährigen Bauzeit auf fast 6 500 Fahrzeuge, ein Drittel davon als Cabriolet.

Opel Admiral, Sechszylindermotor mit 3 626 cm³ Hubraum und 75 PS, Höchstgeschwindigkeit 132 km/h

1938 KDF *Wagen*

Abbildungen des KdF-Wagens aus einem 32-seitigen Werbeprospekt, der für 20 Pfennig erhältlich ist

Bei der Eröffnung der Berliner Automobilausstellung 1934 wird sie bekanntgegeben: Die Idee Ferdinand Porsches, einen "Volkswagen" zu bauen. Kaum jemand beachtet diese Meldung. Erst als 1938 der Volkswagen mit endgültiger Form und großer Propaganda vorgestellt wird, regt sich Interesse. Man kann es kaum glauben: Da soll es bald ein richtiges Auto für nur 990 Reichsmark geben, das man über die Organisation „Kraft durch Freude" (KdF) in Wochenraten zu fünf Reichsmark ansparen kann.

Der KdF-Wagen, wie er laut Hitler heißen soll, ist auf einem Mittelprofilrahmen gebaut, auf dessen hinterer Gabelung die Antriebsaggregate positioniert sind, die die Hinterräder antreiben. Das Reserverad ist als Aufprallwiderstand auf dem Rahmenkopf montiert. Der Wagen wiegt 650 kg, ist 4 200 mm lang, 1 550 mm breit und die Ganzstahlausführung ist der "Stromlinienform weitgehend angenähert", wie es in einem Prospekt von 1938 heißt. Der Vierzylinder Boxermotor mit 985 cm^3 leistet 23,5 PS bei 3 000 U/min und erreicht eine Höchstgeschwindigkeit von 100 km/h.

Wegen des Zweiten Weltkriegs verzögert sich der Bau des Volkswagens, aber 1945 geht er unaufhaltsam weiter.

1945 VOLKSWAGEN *Brezelkäfer*

Das noch kurz vor dem Krieg geschaffene VW-Werk ist 1945 zu zwei Drittel zerstört. Eine gewaltige Anstrengung ist nötig, um die Produktion aufnehmen zu können. Aber es geht jetzt Schlag auf Schlag: 1948 übernimmt Heinrich Nordhoff die Geschäftsführung, der 25 000ste Volkswagen läuft vom Band. 1949 wird der erste Käfer in die USA verschifft. 1950 wird der 100 000ste und 1953 der 500 000ste gefeiert. Die Siegesfahrt des erfolgreichsten Autos aller Zeiten ist nicht mehr zu stoppen.

Die erste Nachkriegsversion ist der Volkswagen Typ 51, der von 1945 bis 1946 gebaut wird. 1946 erscheint der VW Standard und 1949 gesellt sich der VW Export hinzu. Alle drei Versionen werden von dem luftgekühlten Vierzylinder-Heckmotor mit 1 131 cm³ Hubraum mit 25 PS bei 3 300 U/min angetrieben. Der Typ 51 schafft damit 80 km/h Höchstgeschwindigkeit, der Standard und der Export erreichen 105 km/h.

1945 beginnt die Produktion des Volkswagen, dessen geteiltes Heckfenster wie ein Brezel aussieht – deshalb die Bezeichnung Brezelkäfer. Links der VW Standard, unten wird die Karosserie in einem Tauchbad grundiert

Viertüriges Volkswagen Polizei-Cabriolet von 1949 und ein Volkswagen Export, wie er von 1949 bis 1953 gebaut wird. Rechts und unten: Der Käfer mausert sich: Das Exportmodell von 1949 mit gediegener Innenausstattung und mehr Chrom

1948 FORD *Buckeltaunus*

Ganz oben und rechts: Ford Taunus Standard von 1948. Oben: De Luxe von 1951. Unten: De Luxe Cabriolet von Migö

Im November 1948 wird der erste Nachkriegstaunus in Köln vorgestellt. Lieferbar ist er zunächst als zweitürige Standard-Limousine. 1949 gibt es den "Spezial" mit mehr Chrom, stabileren Stoßstangen und automatischer Beleuchtung im Innen-, Motor- und Kofferraum. Außerdem ist er nicht nur in grau, sondern in vier Farben lieferbar. Zwei- und viersitzige Cabriolets von Deutsch und ein zweitüriger Plasswilm-Kombi bereichern die Taunus-Palette. Den Abschluss der Buckel-Taunus-Serie bildet der „de Luxe", der von 1951 bis 1952 gebaut wird und von dem Cabrios von Deutsch, Migö, Karmann, Drauz und Drews angeboten werden. Fahrwerk und Motor sind vom "Spezial" übernommen, aber der de Luxe ist selbstverständlich wesentlich luxuriöser ausgestattet. Er ist vorn und hinten tiefer gelegt, was die Straßenlage verbessert. Die Windschutzscheibe, leicht gebogen, ist jetzt durchgehend. Ausstellfenster vorn, sichtfreies Lenkrad, weichere Sitze, fünf Farben zur Auswahl und die Feststeller für Haube und Kofferraumklappe sind weitere Verbesserungen. Es mutet seltsam an, solche Dinge heute aufzulisten, zeigt aber, dass damals vieles noch nicht selbstverständlich ist.

1949 OPEL *Olympia*

Die Narben des Zweiten Weltkriegs sind auf dem Werksgelände von Opel noch deutlich zu erkennen und an allen Ecken und Enden wird gebaut. Trotzdem, Opel baut auch schon wieder Autos: Ende 1949 wird der neue Olympia vorgestellt. Es ist zwar eine Fortsetzung der Olympia-Serie von 1936, jedoch ist der neue Olympia technisch weiterentwickelt und wesentlich komfortabler ausgestattet als sein Vorgänger. Er erscheint mit neuem Gesicht, geraderen Kotflügeln und die Heckansicht ist glatter. Man kann unter drei Karosserie-Versionen wählen. Außerdem wird ein Kastenwagen angeboten. Als erster Opel hat der Olympia eine Lenkradschaltung. Der zweite und dritte Gang sind synchronisiert. Der 1,5-Liter-Motor leistet 37 PS und bringt eine Höchstgeschwindigkeit von 112 km/h.

1953 hat der Olympia ausgedient. In der Nachkriegszeit ist er insgesamt 151 403-mal gebaut worden und damit einer der erfolgreichsten Nachkriegswagen Deutschlands.

Ende 1949 wird der neue Opel Olympia vorgestellt, ab 1950 ist er mit viel Chrom zu haben, ganz im Stil der Zeit

1949 VOLKSWAGEN *Cabriolet*

Das Innenleben des Volkswagen Käfercabrios (Karosserie Karmann) ist selbstverständlich im Stil der fünfziger Jahre. Man beachte die Bumenvase

Das Volkswagen Käfercabrio von Karmann: geschlossen und in offener Version

Zweisitziges Käfercabrio von Hebmüller

Das Volkswagen Cabriolet, das noch heute bei Fahrzeugliebhabern hoch im Kurs steht, erscheint 1949. Die Karosseriefabrik Hebmüller fertigt ein zweisitziges Cabriolet und Karmann ein viersitziges. Nachdem Hebmüller durch einen Brand der Firmengebäude im Jahr 1949 schwer beschädigt worden ist, muß 1952 Konkurs angemeldet und die Produktion eingestellt werden. Insgesamt werden von dem Hebmüller-Cabrio, das mit versenktem Verdeck wie ein Roadster aussieht, 696 Fahrzeuge gebaut.

Karmann baut das Käfercabrio immer entsprechend der Entwicklung auf der Basis des Export-Modells bis 1980 in einer Auflage von insgesamt 331 847 Exemplaren. Damit ist das Käfercabrio zu seiner Zeit das meistgebaute Cabriolet der Welt. Die erste Serie läuft von 1949 bis 1953. Der luftgekühlte Vierzylinder-Boxermotor mit 1 131 cm³ Hubraum leistet 25 PS und erreicht 105 km/h. Der Motor ist hinter, das Getriebe vor der Hinterachse positioniert.

1950 PORSCHE 356

Ferry Porsche geht 1946 im Büro seines Vaters mit Chefkonstrukteur Karl Rabe an die Verwirklichung seines Traumes: Die Entwicklung eines Sportwagens. 1948 ist die 356ste Porsche-Konstruktion baureif: Ein zweisitziger Roadster mit Aluminium-Karosserie auf der Basis des VW-Käfers.

Bei der Vorstellung auf dem Genfer Automobilsalon 1949 findet der Porsche 356 starkes Interesse. Innerhalb eines Jahres werden in der kleinen Reutter-Karosseriefabrik 500 Wagen fertiggestellt, die reißenden Absatz finden und jetzt mit einer Ganzstahlkarosserie eingekleidet sind. Im April 1951 kommen zum 1100er der 1300er und im Herbst noch der 1500er Porsche auf den Markt.

1955 folgt der 356 A mit vielen Verbesserungen, der in der 1500er Version „Carrera" heißt. Aus dem „A" wird 1959 der „B" mit veränderter Karosserie, dessen stärkste Variante (2000 GS Carrera 2) erstmals bei Porsche in der Beschleunigung von 0 auf 100 unter 10 Sekunden bleibt.

Ferdinand Porsche mit Sohn Ferry und einem Prototyp des Porsche 356 im Jahr 1948; der Motor ist vor der Hinterachse platziert. Unten: Porsche 356 Speedster mit 44 PS und 145 km/h Spitze (links) und Porsche 356 A Coupé mit 60 PS und 160 km/h Spitze (rechts)

Porsche 356 A mit 60 PS und 160 km/h Spitze. Mit „Weißwandreifen": Porsche 356 B Coupé mit 90 PS und 180 km/h Spitze

1950 BORGWARD *Lloyd*

Lloyd LP 300 von 1950 mit 293 cm³-Zweitakt-Zweizylindermotor mit 10 PS und 75 km/h Spitze. Unten: Lloyd 400 von 1953 mit Stahlblechkarosserie

Bei dieser urigen Konstruktion aus Holz und Kunstleder dauert es nicht lange, bis der Volksmund seine Bezeichnung gefunden hat: Der "Leukoplastbomber". Der wird 1950 der Öffentlichkeit vorgestellt, hat es aber zunächst nicht leicht. Seine potentiellen Käufer brauchen eine Weile, um zu erkennen, dass hier ein zwar recht primitiver, dafür entsprechend billiger, wirtschaftlicher Kleinwagen angeboten wird, der genau in die Zeit passt. Er kostet kaum mehr an Steuern als ein Hund: 6 Mark im Monat. Mit der Haftpflicht belaufen sich die festen Kosten auf 160 Mark im Jahr. Das rechnet sich für den weniger begüterten Nachkriegsbürger, und so wird der Leukoplastbomber mit seinem unverkennbar heulenden Motor der erste erfolgreiche Kleinwagen der fünfziger Jahre.

In der Mitte des Jahrzehnts erlebt der Lloyd seinen Höhepunkt. Die Zeit des sperrholzbeplankten Hartholz-Fachwerkgerippes und des Zweitaktmotors ist vorbei. Nur der Name "Leukoplastbomber" lebt weiter; er ist einfach zu schön! Nach VW und Opel steht der Lloyd zeitweise an dritter Stelle der Zulassungszahlen. Der 1955 vorgestellte Lloyd LP 600 ist das erste deutsche Kleinmobil mit Viertaktmotor, das in größerer Stückzahl gebaut wird. Es avanciert mit seinen 19 PS und 100 km/h Spitze zum Vorbild des leistungsfähigen Kleinwagen. Neben dem LP 600 baut man ab Juli 1957 ein verbessertes Modell, den "Alexander". Abschluss des Llyod-Programms ist der Alexander TS, der von 1957 bis zum Borgward-Konkurs 1961 gebaut wird.

1951 MERCEDES-BENZ 300

Deutschlands Nobelwagen der fünfziger Jahre wird 1951 auf der Frankfurter Automobilausstellung präsentiert. Auf Anhieb gefällt er Leuten mit großem Geldbeutel. Der "Spiegel": „Mercedes-Wagen chauffieren selbständige Handwerker und Manager von Großunternehmen, Taxifahrer und Playboys, Päpste und Zuhälter, rechte Diktatoren und linke Revolutionäre, Hollywoodstars und Rauschgifthändler". "Stern"-Autotester Alexander Spoerl nennt ihn "Rhein-Ruhr-Volkswagen". Im Volksmund heißt er bald "Adenauer-Mercedes", weil der Bundeskanzler seinen 300er, ausgestattet mit Trennscheibe, Blaulicht, Stander und Kurzwellentelefon, für tägliche Fahrten und Wahlkampfreisen nutzt. Es wird erzählt, dass eine andere Automarke einmal ihr Produkt dem Kanzler vorführt. Beim Einsteigen verliert Adenauer seinen Hut. Schweigend geht er zurück zu seinem Mercedes 300 und würdigt den fremden Wagen keines Blickes mehr.

Die Entwicklung des Mercedes 300 läuft gleichzeitig mit der des 220. So gibt es viele Parallelen. Der Aufbau entspricht der Konstruktion des 170, der Ovalrohr-X- Rahmen stammt vom 170 V. Der obengesteuerte Dreiliter-Sechszylindermotor erreicht mit 115 PS eine Spitzengeschwindigkeit von 155 km/h. Neben der fünf- bis sechssitzigen Limousine wird ein viertüriges Cabriolet angeboten, das ebenfalls über fünf beziehungsweise sechs Sitze verfügt. Unter der Typenbezeichnung 300 S erscheinen 1951 ein jeweils dreisitziges Cabriolet und Coupé. Hier ist die Straßenlage durch Tieferlegung des Schwerpunktes verbessert. Zudem ist der Motor auf 150 PS erhöht und erreicht 175 km/h Spitzengeschwindigkeit.

Ganz oben: Mercedes-Benz 300 als Cabriolet. Oben: Bundeskanzler Adenauer mit US-Präsident Eisenhower bei dessen Besuch in Bonn am 26. Juli 1959. Links: 300 S Cabriolet

Mercedes-Benz 300, der "Adenauer-Mercedes", wie ihn der Volksmund nennt, mit 115 PS und 160 km/h Höchstgeschwindigkeit

1951 OPEL *Kapitän*

Mit seiner wuchtigen Schnauze, dem langgestreckten Heck und dem vielen Chrom sieht er schon sehr imposant aus, der Opel Kapitän, der 1951 auf den deutschen Nachkriegsmarkt kommt. "Gangster-Kapitän" wird er bald im Volksmund genannt, weil er in vielen Kinofilmen als solcher eingesetzt ist. Wie schon seine Vorgänger stellt der neue Kapitän Maßstäbe auf für Leistung und Ausstattung. Lange ist er Vorbild für viele Konkurrenten auf dem internationalen Markt.

Der Kapitän von 1951 ist mit einem 2,5-Liter-Sechszylindermotor mit 58 PS ausgestattet und erreicht 130 km/h Spitze. Von März 1951 bis Juli 1953 werden knapp 50 000 Exemplare hergestellt. Der Preis für die viertürige Limousine ist mit 9 600 Mark für einen Pkw dieser Klasse und Ausstattung gering.

Der Opel Kapitän von 1951 bei Werbeaufnahmen an der Côte d' Azur. Unten: Cabriolet von Autenrieth von 1952. Ganz unten: Hier werden die wuchtigen Ausmaße des neuen Kapitän mit seiner Länge von 4 715 mm deutlich

1952 FORD 12M

Den mit der Weltkugel als Nase präsentiert Ford 1952 als erste Nachkriegs-Neukonstruktion. Mit dem Buckeltaunus hat diese Karosserieform nichts mehr zu tun, es handelt sich vielmehr um die zeitgemäße Pontonform. Der 12M ist mit vier bequemen Sitzen, einem großen Kofferraum und vielen technischen Neuerungen ausgestattet. Der Vierzylindermotor mit 1 172 cm^3 leistet 38 PS und bringt den 12M zu einer Höchstgeschwindigkeit von 112 km/h. Ab 1955 ist auch eine 1,5-Liter-Maschine mit 55 PS zu haben, die es auf 125 km/h bringt. Der 12M wird zunächst als zweitürige Limousine, ab 1953 auch als zweitüriger Kombi und als zwei- und viersitziges Cabriolet angeboten. Der 12M wird zehn Jahre lang gebaut und erreicht insgesamt eine Auflage von 435 925 Exemplaren.

Ford 12M als Kombi, im Firmenprospekt von 1953 wird er "Taunus Luxus-Lieferwagen" genannt. Unten: Der 15M als zweitürige Limousine. Links: Viersitzige Cabriolet-Version

1952 BORGWARD *Hansa 2400*

Der große Borgward, der 1952 auf den Markt kommt, ist zwar kein „großer Wurf" aber ein völlig neues Modell. Zunächst soll die Limousine mit Stromlinienheck die Käufer locken. Doch als Borgward feststellt, dass diese Karosserieform nicht zum gewünschten Verkaufserfolg führt, erscheint 1953 eine Pullman-Limousine mit Stufenheck, die 1955 noch einmal gründlich überarbeitet wird. Bis zur Produktionseinstellung werden insgesamt 1 388 Hansa 2400 hergestellt.

Der sehr laufruhige und zuverlässige Sechszylindermotor ist eine Weiterentwicklung des bewährten Vierzylindermotors des Hansa 1800. Er leistet 82 PS und treibt den Hansa 2400 damit auf eine Höchstgeschwindigkeit von 150 km/h. Die Version von 1955 ist mit 100 PS ausgestattet und erreicht 155 km/h.

Nicht nur die Scheiben der Vordertüren auch die der Hintertüren lassen sich vom Fahrersitz aus elektrisch bedienen. Für Käufer, die sich einen Chauffeur leisten können, wird der Hansa 2400 gegen Aufpreis von 450 Mark mit einer gläsernen Trennwand zwischen Fahrersitz und Fond geliefert. Selbstverständlich gibt es im Fond Fußstützen und Armlehnen: Komfort pur! Doch gegen die Konkurrenten von Mercedes-Benz und BMW kann sich der große Borgward trotz aller Bemühungen nicht durchsetzen, was auch für den 1960 ins Rennen geschickten Borgward 2,3 Liter gilt. Dessen Karriere wird 1961 vom Borgward-Konkurs gestoppt.

Ganz oben: Borgward Hansa 2400 Pullman-Limousine, die gegenüber der Stromlinienheck-Version mit 20 cm längerem Radstand geliefert wird. Mitte: Hansa 2400 mit Stromlinienheck und Stoffschiebedach von 1952. Unten: Das Hansa 2400 Sport-Cabriolet

1953 OPEL *Olympia Rekord*

Opel Olympia Rekord Caravan, wie er 1953 bis 1954 gebaut wird. Rechts: Prospekttitel von 1953. Von 1953 bis 1957 werden insgesamt 581 922 Exemplare hergestellt: Rekord!

Andrang am Opel-Stand auf der Automobilausstellung im Frühjahr 1953: Der Olympia Rekord sorgt mit seiner ganz neuen Karosserie für Aufsehen. Was damals noch niemand ahnt: Der Rekord wird das erfolgreichste Auto seiner Klasse. Technisch hat er nicht viel Neues zu bieten, seine Stärke sind die Detailverbesserungen. Der auf Wirtschaftlichkeit konzipierte Rekord soll vor allem dem Konkurrenten Ford Taunus 12M die Zähne zeigen. Der ist nämlich schon seit einem Jahr erfolgreich im Geschäft.

Der 1,5-Liter-Vierzylindermotor mit 40 PS bringt den Rekord auf 120 km/h. Diese Maschine gilt als besonders sparsam, sie verbraucht durchschnittlich 6,5 Liter auf 100 km. Neben der Limousine werden ein Cabriolet, ein Kasten-Lieferwagen und ein Caravan, wie der Kombi bei Opel heißt, angeboten.

1953 DKW *Sonderklasse*

Anlässlich der Frankfurter Automobilausstellung 1953 wird die „Sonderklasse" von DKW vorgestellt. Sie löst die 1950 erschienene „Meisterklasse" ab und findet auf Anhieb großen Anklang. Der Motor ist jetzt mit drei Zylindern ausgestattet. Das Getriebe ist verbessert, der Hubraum auf 896 cm^3 vergrößert und mit 34 PS erreicht die Sonderklasse eine Höchstgeschwindigkeit von 120 km/h.

Die Fenster der Sonderklasse sind gegenüber der Meisterklasse größer geworden und die Panorama-Heckscheibe sorgt ab 1954 bei der Limousine und dem Coupé für Sicht nach allen Seiten.

Neben der Limousine werden ein viersitziges und ein zweisitziges Coupé angeboten, die sich von der Limousine nur durch pfostenlose Seitenfenster und eine komfortablere Innenausstattung unterscheiden. Außerdem sind ein viersitziges und ein zweisitziges Cabriolet lieferbar, die bei Karmann gefertigt werden. Selbst ein Kombi ist ab 1953 zu haben, er nennt sich bei DKW schlicht „Universal".

Unklar ist bis heute, worauf die Abkürzung DKW zurückzuführen ist. Die Version "Dampfkraftwagen" konkurriert mit "Deutscher Kraftwagen" und "Des Knaben Wunsch". Letztere erklärt sich mit der These, dass DKW-Gründer Rasmussen seine Spielzeugmotoren so nennt, die er in den zwanziger Jahren in Sachsen herstellt.

Ganz oben und Mitte: DKW Sonderklasse-Luxuscabriolet, das bei Karmann gefertigt wird. Unten ist eine vorzüglich restaurierte Sonderklasse mit Panorama-Heckscheibe zu sehen, wie sie von 1954 bis 1955 gebaut wird

Abbildungen des DKW Sonderklasse aus einem Prospekt der Auto Union von 1953. Darin heißt es unter anderem: „Der erste prüfende Blick gilt dem Äußeren des Wagens. Das Aussehen eines Fahrzeugs, das man für viele Jahre kauft, ist ja keineswegs gleichgültig. Man will sich in ihm doch wohlfühlen und stolz darauf sein. Vielleicht muß man mit dem Wagen auch repräsentieren. Und sicher freut sich jeder, ab und zu ein lobendes Wort über sein Automobil zu hören. Von der DKW Sonderklasse behauptet man, daß sie ungewöhnlich schön und elegant ist, ein Wagen mit persönlicher Note..."

UND NUN STEIGEN SIE EIN!

1953 MERCEDES-BENZ *180/180 D*

Der Mercedes-Benz 180 D Kombi von Binz (ganz oben) und der 180/180 D mit Schiebedach (oben). Bei dem Blick in den Innenraum des 180/180 D fallen die durchgehenden Sitzbänke auf

Bei Daimler-Benz bringt das Jahr 1953 einen grundsätzlich neuen Typ: Der 180 erscheint mit geräumiger und für damalige Zeiten recht windschnittiger Pontonkarosserie in selbsttragender Bauweise. Die Fensterfläche ist um 40 Prozent vergrößert. Als Antrieb dient der Motor des 170 Sb, eine Vierzylindermaschine mit 1 767 cm^3 Hubraum und 52 PS bei 4 000 U/min, die den 1 180 kg schweren Wagen auf eine Höchstgeschwindigkeit von 126 km/h bringt. 1957 erhält der Mercedes-Benz 180 einen stärkeren Motor mit 1 897 cm^3 Hubraum und 65 PS bei 4 500 U/min, der 136 km/h erreicht. Wesentlich günstiger ist bei dem 1957er der Beschleunigungswert, der sich um glatte 10 Sekunden von 0-100 km/h reduziert, von 31 auf 21 Sekunden. Die Dieselversion 180 D erscheint Anfang 1954 und ist äußerlich von dem Vergaser nicht zu unterscheiden.

Insgesamt werden von dem Mercedes-Benz 180/180D und seinen späteren Varianten in den neun Jahren bis 1962 mehr als 250 000 Exemplare gebaut. Mehr als die Hälfte davon stellt erstaunlicherweise der Diesel, dessen Fahrleistungen offenbar vielen Mercedesfahrern genügen. Immerhin leistet der 180 D von 1954 nur 40 PS bei 3 200 U/min und erreicht damit lediglich 112 km/h. Auch die Beschleunigung von 0 auf 100 km/h in 39 Sekunden ist nicht gerade begeisternd. Aber darauf kommt es Dieselfahrern eben nicht an, sie schätzen die Wirtschaftlichkeit und Robustheit ihres Fahrzeugs. Der 180 wird 1953/54 für 9 950 Mark angeboten, der 180 D kostet 10 300 Mark. Der 180 verbraucht auf 100 km 11,5 Liter Ben-zin, der 180 D dagegen nur acht Liter Diesel.

1954 BORGWARD *Isabella*

Vor 200 Journalisten steuert Carl F. W. Borgward 1954 seine Isabella vom Band der Montagehalle. Er ist stolz auf seinen völlig neu konzipierten „Hansa 1500", wie er eigentlich heißen sollte. Und stolz kann er auch sein, der 64-Jährige. Die Isabella, von ihm selbst entworfen, ist eine gelungene Konstruktion. Der 1,5-Liter-Motor mit 60 PS, der die Isabella zu einer Höchstgeschwindigkeit von 135 km/h treibt, erweist sich als technisch ausgereift und robust. Das Platzangebot besticht: Fünf bis sechs Personen! Großer Kofferraum, komfortable Innenausstattung, nur Lack und Chrom scheinen nicht vom Besten zu sein.

Mit Einzelliegesitzen und höherer Motorleistung erscheint 1955 die Isabella TS und ab 1957 gibt es das traumhaft schöne Isabella Coupé, von dem noch die Rede sein wird. Insgesamt werden von der Isabella mehr als 200 000 Exemplare gebaut.

1960 geht der Absatz ins europäische Ausland und in die USA unerwartet stark zurück. Die Geschäfte im eigenen Land stagnieren. Borgward muß hohe Kredite aufnehmen. Am 11. September 1961 wird das Konkursverfahren eröffnet.

Links: Borgward Isabella von 1954. Oben: Inserat von 1957

Dieses Borgward Isabella TS Cabriolet mit 75 PS und 150 km/h Spitze wird von 1955 bis 1961 angeboten und kostet 10 950 Mark

1954 BMW 502 *Achtzylinder*

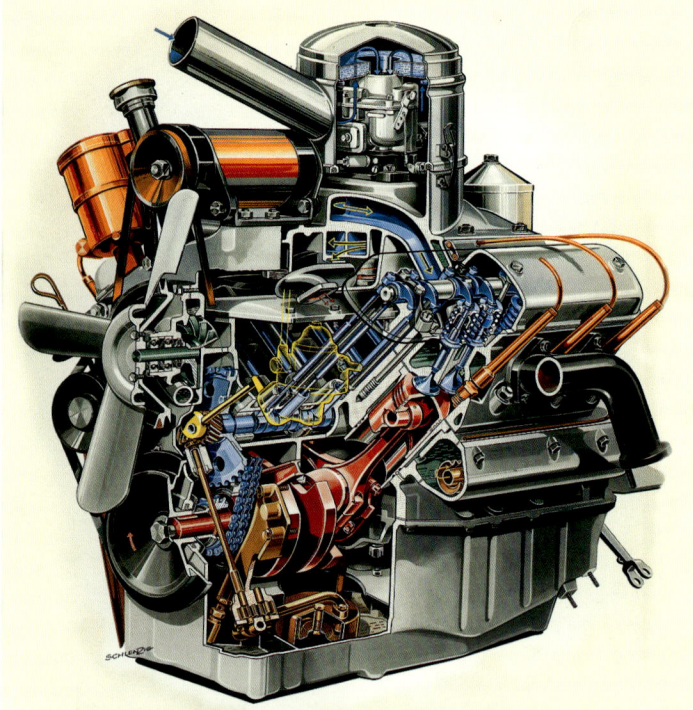

Heute gehören sie zu den gesuchtesten Oldtimern, die BMW-V8-"Barockengel", aber auch damals werden sie bewundert, schließlich ist der 502 der erste deutsche Achtzylinder-Personenwagen nach dem Zweiten Weltkrieg. Käufer finden sich für den rund 17 000 Mark teuren 502 allerdings nur wenige – in den zehn Jahren seiner Bauzeit von 1954 bis 1964 werden 9 109 Exemplare gebaut. Dieser geringe Absatz ist unter anderen ein Grund, weshalb BMW Ende der fünfziger Jahre in eine schwere finanzielle Krise gerät. Allerdings ist BMW auch die einzige deutsche Marke, die sich in den fünfziger Jahren an die Produktion eines Achtzylinders wagt. Der Leichtmetallblock V8-Motor verfügt über 2 580 cm³ Hubraum, leistet 100 PS bei 4 800 U/min und erreicht damit eine Höchstgeschwindigkeit von 160 km/h.

Der V8 wird als Limousine, Cabriolet, Coupé und später sogar als Sportwagen angeboten. Die Limousinen tragen BMW-eigene Karosserien. Das Stuttgarter Karosserieunternehmen Baur liefert von 1954 bis 1956 rund 130 Cabriolets und Coupés und Autenrieth aus Darmstadt fertigt etwa 50 Cabriolets und Coupés. Einigen dieser automobilen Raritäten begegnet man noch heute bei Oldtimertreffen.

BMW 502 Achtzylinder Cabriolet mit 100 PS. Oben: Der legendäre BMW V8-Motor von 1954 in Leichtmetallblock-Bauweise

Frisch restaurierter BMW 502 als viertürige Limousine, der Spitzname "Barockengel" ist doch plausibel, oder?

Der Vorläufer: Prototyp BMW 501 von 1951 mit 60 PS.
Unten: Coupé des BMW 502 von Baur

49

1954 MERCEDES-BENZ *300 SL*

Er ist der absolute Star bei allen Oldtimertreffen: Der Traum-Sportwagen 300 SL. Breitet er seine Flügel aus, geraten die Zuschauer ins Schwärmen. Als Sammelobjekt ist er heute kaum zu bezahlen.

Erst nach langer Pause schickt Mercedes-Benz 1952 wieder einen Sportwagen auf die Pisten. Serienmäßig wird er ab 1954 gebaut. Der Motor ist aus dem des 300 entwickelt und verfügt über eine direkte Benzineinspritzung in die einzelnen Zylinder. Ölhydraulische Bremsen mit automatischer Nachstellung und zwangsgekühlten Turbotrommeln sorgen für entsprechende Beherrschung.

Das Coupé mit den Flügeltüren wird bis 1957 gebaut. Von 1957 bis 1963 gibt es einen Roadster mit normalen Türen. 1958 ist ein abnehmbares Coupédach im Programm.

Die Flügeltüren sind übrigens kein Gag der Karosserieschneider, sondern konstruktionsbedingt. Später werden sie von anderen Firmen übernommen. Der größte Produktionsanteil des 300 SL wird nach Übersee exportiert, wo Liebhaber heute hohe Preise bezahlen, um ihn wieder nach Deutschland zu bringen.

Rennsportausführungen: Ganz oben die Version von 1952, oben der 300 SLR von 1954 mit acht Zylindern, 300 PS und 284 km/h Höchstgeschwindigkeit

Filmstar Zsa Zsa Gabor mit Mercedes-Benz 300 SL von 1955: Sechszylindermotor mit 2 996 cm³ Hubraum, 215 PS, 250 km/h Spitze

Seriensportwagen Mercedes-Benz 300 SL, das Reserverad ist im Kofferraum untergebracht

Der legendäre Flügeltürer Mercedes-Benz 300 SL beschleunigt von 0-100 km/h in 10 Sekunden

1955 MERCEDES-BENZ *190 SL*

Der schnittige 190 SL kommt im Sog des großen Bruders 300 SL. Daimler-Benz will eine preiswerte Alternative schaffen. Gespart wird am Fahrwerk und am Antriebsaggregat. Wo der 300 SL mit Gitterrohrrahmen und Direkteinspritzung aufwarten kann, muss sich der 190 SL mit der Rahmenbodengruppe des gerade in Serie gegangenen 180er Pontonmodells begnügen.

Der Roadster wird von einem Vierzylindermotor mit 1 898 cm³ und 105 PS angetrieben, der den 1 160 kg schweren Wagen zu einer Höchstgeschwindigkeit von 175 km/h bringt. Um von 0 auf 100 km/h zu beschleunigen, benötigt der 190 SL 14,5 Sekunden. Für 16 500 Mark ist der 190 SL zu haben. Gebaut wird er von 1955 bis 1963 in einer Gesamtauflage von 25 881 Exemplaren.

Sportliches, elegantes Reisefahrzeug: Mercedes-Benz 190 SL. Links die Rennsportausführung des 190 SL von 1954

1955 GLAS *Goggomobil*

Das Goggomobil ist der Star unter den Minis der fünfziger Jahre. Sein Äußeres und die enorme Wirtschaftlichkeit sorgen für Platz eins im Verkaufsrang der Kleinwagen jener Zeit

Er kommt zum richtigen Zeitpunkt: Der Goggo wird im Herbst 1954 vorgestellt, die Serienproduktion beginnt im Februar 1955. Der Goggo begeistert all diejenigen, die sich bisher nur ein Motorrad oder einen Motorroller leisten können. Auch die Besitzer des alten Führerscheins IV dürfen ihn fahren. Hinzu kommt, dass der Goggo im Gegensatz zu vielen Konkurrenten vier Räder hat und mit seiner Pontonform wie ein richtiges Auto aussieht. Der Zweitakt-Zweizylindermotor hat einen Hubraum von 247 cm^3, 13,6 PS bei 5 400 U/min und erreicht damit eine Höchstgeschwindigkeit von 72 km/h.

1957 gesellt sich zur Limousine das TS 250 Coupé, dessen Äußeres laut Werbung "das Entzücken und die Bewunderung insbesondere der Damen erregt. Aber auch die Männer mit Motorenverstand betrachten liebevoll dieses kleine Fahrzeug...". Beide Varianten, Limousine und Coupé, sind wahlweise mit einem 300 cm^3 Motor lieferbar und ab Oktober 1957 sogar mit 400 cm^3. Die Kosten für Steuer und Versicherung sind mit 11,10 Mark monatlich sehr niedrig, und so fährt sich das Goggomobil an die Spitze der Klein- beziehungsweise Kleinstwagen der Bundesrepublik. Die Limousine bringt es auf 210 531 Exemplare während ihrer Bauzeit von 1955 bis 1969, das Coupé auf 66 511 Stück von 1957 bis 1969.

1955 BMW *Isetta*

Noch heute ist ihre Popularität ungebrochen: Die Isetta, die BMW nach einer Lizenz der italienischen Firma ISO ab 1955 baut. Die Suche nach einem geeigneten Motor ist schnell beendet, der BMW-Motorradmotor R 25 scheint der Richtige zu sein. Das Motocoupé, wie es in der Werbung heißt, ist groß genug für eine dreiköpfige Familie, außerdem sei es wettergeschützt und allseitig geschlossen. Genau das wollen die vielen Interessenten hören, die auf ihren Motorrädern oder -rollern ständig dem Wetter ausgesetzt sind. Und so wird die Isetta schnell zum ärgsten Konkurrenten des Goggomobils.

1956 gibt es eine leicht überarbeitete, verstärkte Isetta 300 mit festem Dach (Faltdach auf Wunsch). Für den Export wird eine dreirädrige Ausführung angeboten, die in jenen Ländern begehrt ist, in denen Dreiradfahrzeuge Steuervorteile bieten. Auch eine größere Isetta steht bald auf dem Programm: Die „Doppelisetta", wie sie genannt wird, oder BMW 600. Sie ist wie die kleine Isetta mit dem Fronteinstieg ausgestattet. Zusätzlich gibt es allerdings eine Seitentür hinten rechts.

Die BMW Isetta 250 mit kuppelähnlicher Heckverglasung

Die BMW Isetta mit seitlichen Schiebefenstern und Faltdach, wie sie von 1957 bis 1962 erhältlich ist

BMW Isetta von 1955 (oben). Rechts: Die "Doppelisetta" BMW 600, die von 1957 bis 1959 gebaut wird, bietet vier Leuten Platz und ist mit einem luftgekühlten Zweizylinder-Viertaktboxermotor mit 582 cm^3 Hubraum und 19,5 PS ausgerüstet. Höchstgeschwindigkeit: 103 km/h

1955 DKW 3=6

Großer DKW wird der 3=6 genannt, weil die Wagenbreite gegenüber der Sonderklasse um 10 cm vergrößert ist. Die Spur ist entsprechend breiter ausgelegt und auch in der Länge sind einige Zentimeter dazugekommen. Der Zweitakt-Dreizylindermotor mit 996 cm^3 Hubraum und 38 PS bei 4 200 U/min bringt den 3=6 auf eine Höchstgeschwindigkeit von 123 km/h. Neben der zweitürigen Limousine wird eine viertürige Variante angeboten, ein Coupé, ein zweisitziges Cabriolet, ein viersitziges Cabriolet, ein Universal-Kombi und von 1956 bis 1958 ist sogar ein rassiger Sportwagen auf der Grundlage des 3=6 lieferbar, der Monza. Insgesamt werden 157 331 Exemplare von 1955 bis 1959 hergestellt. Die zweitürige Limousine kostet 1955 rund 5 500 Mark.

DKW 3=6, der "große DKW" als viertürige Limousine und links als viersitziges Cabriolet

Der Nachfolger des 3=6 Auto Union 1000 von 1958

Der große DKW 3=6 als zweitürige Exportlimousine

1955 MESSERSCHMITT *KR 200*

Drei auf einen Streich: KR 201 Roadster, KR 200 – der legendäre "Schneewittchensarg" – und der vierrädrige Tiger Tg 500

Messerschmitt KR 200 als Cabriolet und unten der KR 200 mit Plexiglashaube

Sie gehören zu den ulkigsten Kleinwagen der fünfziger Jahre und zu den erfolgreichsten: die Messerschmitt-Kabinenroller. Von Fritz Fend aus seinem Fend-Flitzer entwickelt werden sie im Regensburger Messerschmitt-Werk serienmäßig produziert. Zunächst erscheint 1953 der KR 175, dem 1955 die überarbeitete und endgültige Version KR 200 folgt. Zwei Personen haben in dem Winzling Platz, die hintereinander sitzen. Die Plexiglashaube wird zum Ein- und Aussteigen zur Seite hochgeklappt. Der Fichtel & Sachs-Zweitaktmotor leistet 10,2 PS. Das reicht, um den KR 200 auf 90 km/h Höchstgeschwindigkeit zu bringen. Insgesamt werden 46 190 Exemplare des KR 200 produziert und für rund 2 400 Mark an den Mann oder die Frau gebracht.

1956 stößt Messerschmitt den Kabinenroller ab. Fritz Fend macht alleine weiter und präsentiert 1958 noch den vierrädrigen sportlichen "Tiger", den TG 500. Der Tiger mit seinem 500 cm³-Motor gilt als schnellster Kleinwagen: 125 km/h Spitze! Fend baut noch bis 1964, allerdings in geringen Stückzahlen.

1955 VOLKSWAGEN *Karmann Ghia*

Er ist ebenso beliebt wie unbeliebt. "Mehr Schein als sein" behaupten die Gegner. Aber wenn er auch nicht soviel hergibt, wie sein Äußeres verspricht, er ist zweifellos ein Schmuckstück und ein überaus erfolgreiches: Mit allen Varianten erreicht der Karmann Ghia eine Auflage von 445 300 Exemplaren, die besonders gern von Frauen gekauft werden. Zu der rassigen Karosserie kommen die Vorteile einer unkomplizierten, anspruchslosen VW-Technik, eines günstigen Preises und des überall erreichbaren VW-Service.

Der Karmann Ghia wird von dem Motor angetrieben, der auch im VW Standard und im Exportmodell seinen Dienst tut: Ein Vierzylinder-Boxermotor mit 1 192 cm^3 Hubraum und 30 PS bei 3 400 U/min. Die Käfer-Modelle erreichen damit 112 km/h, der Karmann Ghia 118 km/h Spitze. Neben dem Coupé, das überwiegend gekauft wird, gibt es ab 1957 ein Cabriolet, das bei Oldtimerfreunden heute höher im Kurs steht.

Der Karmann Ghia 1200 wird bis 1965 gebaut, dann folgen stärkere Versionen bis zum 1600, der bis 1974 zu haben ist.

Karmann Ghia 1200 Hardtopvariante, ein Einzelstück

Der Karmann Ghia 1200 Coupé ist mit 30 PS und 118 km/h Spitze langsamer als er aussieht. Unten ist der erste Karmann Ghia zu sehen, der je gebaut wurde: Der Prototyp von 1953

1956 MERCEDES-BENZ 220 S/220 SE

Mercedes-Benz 220 S Cabriolet (oben), 220 SE Coupé (rechts) und ein Inserat mit der 220 S Limousine (unten)

Die selbsttragende Ponton-Modellreihe beginnt bereits 1953 mit der Vorstellung des Typs 180. Die 220 S und 220 SE sind eine Weiterentwicklung dieser Reihe und kommen 1956 auf den Markt. Karosserie und Fahrwerk sind vom 180er übernommen. Der erstklassige Motor basiert auf dem des Vorgängers, des 220, der in der "SE"-Version als Einspritzer geliefert wird. Der 220 S ist mit einem Sechszylindermotor mit 106 PS ausgerüstet, der eine Höchstgeschwindigkeit von 160 km/h erreicht. Der 220 SE, der ab 1958 gebaut wird, gilt mit 115 PS und einer Spitzengeschwindigkeit von 165 km/h als schnellste Reiselimousine ihrer Zeit.

Neben der Limousine werden von beiden Varianten Cabriolets und Coupés angeboten. Der 220 S wird bis 1959 gebaut, der 220 SE bis 1960. Beide erreichen zusammen eine Auflage von 62 604 Stück. Die Preise liegen zwischen 12 500 Mark für die viertürige Limousine des 220 S und 23 400 Mark für das viersitzige Coupé des 220 SE.

1956 BMW 503/507

Reisesportwagen BMW 503 (ganz oben und rechts) und Sport-Roadster BMW 507 (oben) und mit Filmstar Winnie Markus (unten)

Bei vielen Sportwagen-Freunden gilt er als der rassigste Roadster-Klassiker. Auf Oldtimertreffen ist er nur selten zu sehen und wenn, dann wird er umlagert: der BMW 507. Von den nur 253 gebauten Exemplaren sollen noch 70 existieren: Raritäten erster Klasse. Für den, der es sich leisten kann, eine vorzügliche Kapitalanlage. Das Cabriolet-Verdeck lässt sich vollständig versenken; ein maßgeschneidertes Hardtop ist auch lieferbar. Der BMW 507 wird als ebenbürtiger Konkurrent des Mercedes 300 SL angesehen, die Stückzahlen bleiben allerdings weit hinter denen des Mercedes zurück. Das liegt unter anderem am hohen Exportanteil des 300 SL. Seine sportlichen Qualitäten hat der 507 unter Beweis gestellt. Bei Bergrennen mit Hans Stuck am Steuer zeigt er dem 300 SL einige Male die Rücklichter. Angetrieben wird der 507 von dem V8-Leichtmetallblockmotor mit 3 168 cm³ Hubraum, der mit 150 PS bei 5 000 U/min eine Höchstgeschwindigkeit von 220 km/h erzielt und von 0 auf 100 km/h in 11,5 Sekunden beschleunigt. Für 26 500 Mark kann man sich diesen Luxus erlauben.

Der Bruder des BMW 507, der BMW 503, erscheint ebenfalls 1956 und ist als komfortabler Reisesportwagen ausgelegt. Der V8-Motor leistet hier 140 PS und erreicht 190 km/h. Auch dieser BMW wird mit 402 gebauten Exemplaren von 1956 bis 1959 kein kommerzieller Erfolg.

1956 WARTBURG – *der neue Eisenacher*

Als Anfang 1956 der neue Pkw aus Eisenach, der Wartburg, auf den Straßen der DDR auftaucht, erregt er mit seiner ansprechenden Pontonform, der Geräumigkeit und der komfortablen Innenausstattung großes Aufsehen. Fahrgestell und Triebwerk werden nach geringfügiger Überarbeitung vom bewährten IFA F 9 übernommen. Der Dreizylinder-Zweitaktmotor mit 900 cm³ leistet 37 PS bei 4 000 U/min und bringt den Wagen auf eine Höchstgeschwindigkeit von 115 km/h. Neben der viertürigen Limousine, die auf Wunsch auch zweifarbig lackiert erhältlich ist, sind ein viersitziges Cabriolet, ein zweisitziger Roadster, ein viersitziges Coupé und ein Kombi lieferbar. Die Preise bewegen sich zwischen 14 700 Mark-Ost für die Limousine und 19 800 Mark-Ost für den Roadster, der 1957 auf den Markt kommt.

Beide Prospekttitel von 1956. Klar, dass im Hintergrund (unten) die Namensgeberin zu sehen ist

1957 FORD 17M

Hohe Erwartungen wecken die Kölner Ford-Werke bei der Vorlaufwerbung zu ihrer Neuerscheinung. Die Interessenten werden nicht enttäuscht. Der nach amerikanischem Vorbild mit Heckflossen ausgestattete 17M bietet eine völlig neue Karosserie, die vorzüglich in die späten fünfziger Jahre passt. Der Innenraum ist mit einem Kunststoff-Himmel ausgestattet und fünf Personen können bequem sitzen. Zwei- und Viertürer sind im Programm, es gibt ein Stahlschiebedach und als "de Luxe" präsentiert sich der 17M in Zweifarben-Lackierung. Auch der Preis von rund 7 000 Mark stimmt. Dem Erfolg des Barocktaunus steht nichts im Weg: er wird 239 978-mal gebaut.

Der Vierzylindermotor mit 1 498 cm^3 Hubraum hat einen neuen Zylinderkopf. Mit seinen 60 PS bringt er den 17M auf eine Höchstgeschwindigkeit von 128 km/h. Lieferbar sind zwei- und viertürige Limousinen, ein Cabriolet und ein Kombi. Dieser Ford 17M wird bis 1960 gebaut und dann von der "Badewanne" abgelöst.

Perfekt: Ford 17M Cabriolet mit Dame im Stil der fünfziger Jahre vor der Kulisse des Kölner Doms

1957 BORGWARD *Isabella Coupé*

Das zweisitzige Borgward Isabella Coupé verfügt noch über zwei sogenannte Interimssitze. Der unten abgebildete Prospekt ist in englischer Sprache für die Vereinigten Staaten verfasst

Eines der schönsten deutschen Autos erscheint 1957 in Bremen: Das Borgward Isabella Coupé. Laut Werbung ist es „für die Liebhaber rassiger Wagen gedacht, die auf technische Harmonie vollzogene Durchentwicklung und vor allem auf reichliche Motorleistung und hochwertige Fahreigenschaften Wert legen." Angetrieben wird dieses Coupé von einem 1,5-Liter-Vierzylindermotor mit 75 PS bei 5 200 U/min, der eine Spitzengeschwindigkeit von 150 km/h erlaubt. Für die Beschleunigung von 0 auf 100 km/h werden 19 Sekunden benötigt. 10 925 Mark kostet dieses ästhetische Fahrzeug, das Borgward zunächst nur für seine Frau als Einzelstück fertigen lässt. Aber weil es so überaus gut ankommt, geht das Coupé 1957 in Serie und wird bis 1961 gebaut.

1957 OPEL *Kapitän L*

Seit Mai 1957 bietet Opel neben dem normalen Kapitän auch eine Sonderausführung als "Kapitän L" an, die eine noch reichhaltigere und komfortablere Ausstattung bietet. Wichtigstes Merkmal sind die geteilten Vordersitze statt der durchgehenden Sitzbank. Trotz des Mehrpreises von 900 Mark ist der Kapitän L immer noch Deutschlands preisgünstigster Großwagen. Allerdings tun die fast jährlichen Modifikationen, besonders am Kühlergrill und bei der Heckpartie, dem Wiederverkaufswert nicht gut. Der Sechszylindermotor mit 2 473 cm³ verfügt über 75 PS und erreicht 140 km/h.

1958 erscheint der Kapitän L in neuer Karosserie. Die Panorama-Frontscheibe ist weit herumgezogen, die Rückleuchten sind amerikanisch gestylt. Ein sehr attraktiver und repräsentativer Luxuswagen! Mit seinen jetzt 80 PS kommt der neue Kapitän auf 144 km/h und ist für 11 000 Mark erhältlich. Gerade wegen seines amerikanischen Aussehens steht dieser Kapitän heute bei Oldtimer-Liebhabern besonders hoch im Kurs.

Der Prototyp des Kapitän L von 1957 zeigt die eigenwilligen Rückleuchten und die besonders schwungvolle Stoßstange

Ganz in Weiß: Opel Kapitän L von 1958

Traumhaft schön: Die Armaturenanlage des Opel Kapitän L von 1957, der auch unten abgebildet ist

1958 AUTO UNION *1000 Sp*

Das zweisitzige Auto Union 1000 Sp Coupé wird ab 1958 gebaut, der Roadster folgt 1961. Der Roadster ist serienmäßig mit Liegesitzen ausgestattet, deren Rückenlehnen stufenlos verstellbar sind. Das Verdeck ist voll versenkbar

Auf der Basis der Auto Union Limousine 1000 S stellt die Stuttgarter Karosseriefirma Baur einen traumhaft schönen Sportzweisitzer her: Auto Union 1000 Sp, Sp wie "Sport" natürlich. Dass der 1000 Sp dem Ford-Thunderbird nachempfunden ist, nimmt niemand übel. Im Gegenteil, die Käufer – etwa 6 640 sind es im Lauf der Baujahre von 1958 bis 1965 – sind froh, ein solches Gefährt für 11 950 Mark erstehen zu können. Premiere ist auf der IAA 1957, die Auslieferung beginnt 1958. Zunächst gibt es nur das Coupé, den Roadster ab September 1961.

Der Zweitakt-Dreizylindermotor mit 980 cm^3 und 55 PS bei 4 500 U/min bringt den 1000 Sp auf 140 km/h, die Beschleunigung von 0 auf 100 km/h dauert 23 Sekunden.

1958 TRABANT Typ 50

Zwar wird dem Trabant gleich im ersten Verkaufsprospekt eine große Zukunft vorhergesagt, aber dass dieses Fahrzeug als „Trabi" zu einem Kultobjekt nicht nur in der DDR avancieren würde, hat damals mit Sicherheit niemand geahnt. Die Entwicklung des Typ 50 beginnt bereits Ende 1953. Fünf Versuchswagen werden 1954 gebaut und auf Erprobungsfahrt geschickt. Aber erst nachdem die Pressstofftechnik ausgereift ist und zwei weitere Versuchswagen neue Erkenntnisse eingefahren haben, sind die Konstrukteure in der Lage, dem Preis- und Leistungsanspruch gerecht zu werden. Dieser ist im zweiten Fünfjahresplan der volkseigenen Kraftfahrzeugindustrie definiert und will die Motorisierung der Werktätigen zu einem erschwinglichen Preis vorantreiben. 1958 ist es soweit: Der Serienanlauf des DDR-Kleinwagen Typ 50 beginnt.

Der Trabant Typ 50 vom VEB Automobilwerke Zwickau (AWZ) ist mit einem Zweizylinder-Zweitaktmotor mit 500 cm³ Hubraum und 18 PS ausgestattet. Höchstgeschwindigkeit: 90 km/h

Für Stabilität sorgt die selbsttragende Stahlkarosserie. Zur Beplankung wird Duroplast verwendet

Der Kleinwagen Trabant Typ 50 verfügt über einen passablen Kofferraum, solide Polsterung und bietet Platz für vier Personen

1958 NSU *Prinz*

Der NSU Prinz I bringt mit seinem Zweizylinder-Viertaktmotor mit 583 cm^3 Hubraum und 20 PS eine Höchstgeschwindigkeit von 105 km/h. Das gilt auch für den Prinz II. Der Prinz III, der von 1960 bis 1962 gefertigt wird, erreicht mit 23 PS 111 km/h

"Wohl dem, der einen Prinz besitzt!" Mit diesem Slogan wirbt NSU für seinen Kleinwagen, dem ab 1958 gelingt, was nicht für möglich gehalten wird: Er etabliert sich auf Anhieb im heißumkämpften Kleinwagenmarkt. 1962 sind von den Serien I bis III insgesamt 94 549 Stück verkauft. Der Prinz 4 (1961-1973) schafft es sogar auf 576 023 Exemplare! Die kesse Ponton-Form, der verdoppelte, bewährte NSU-Motorradmotor, die gute Straßenlage und enorme Leistung sorgen für ein positives Urteil. Selbst das laute Motorengeräusch und die schlechte Federung vermögen dieses Urteil nicht negativ zu beeinflussen. Die Serien I und II sind mit jeweils 20 PS, die Serie III ist mit 23 PS ausgerüstet. Der Prinz 30, der von 1959 bis 1962 gebaut wird, verfügt über 30 PS.

1958 OPEL OLYMPIA REKORD '58

Eine Überraschung der Opel-Konstrukteure: Traumauto mit sogenannter "Rundum"-Verglasung, der Olympia Rekord '58

Opel Olympia Rekord als viertürige Limousine. Die breiten Türen gestatten einen bequemen Einstieg zu allen Sitzen

Der Rekord des Jahres 1958 hat eine "Panorama"-Windschutzscheibe und auch die Heckscheibe ist in Panorama-Form geschneidert. Die Karosserie ist zwar niedriger geworden, aber weil sie länger ist, bietet sie mehr Raum. Auffallend ist die modern gestreckte Form der Geschwindigkeitsanzeige.

Im Lauf der nächsten Jahre können sich die Opel-Kunden zwischen dem bewährten 1,5-Liter-Motor und dem neu konstruierten Motor mit 1,7 Liter Hubraum entscheiden. Der 1,5-Liter-Motor leistet 45 PS (ab 1959 50 PS) und erreicht 128 km/h, der 1,7-Liter-Motor (ab 1959) schafft 55 PS und 132 km/h. Beide Varianten sind als Caravan lieferbar. Zu dem zunächst nur zweitürigen Rekord gesellt sich 1959 eine viertürige Variante. Form und Linie der Karosserie verändern sich dabei nicht. Und wer das Kupplungspedal nur missmutig tritt, dem steht schon bald mit dem "Olymat" eine bequeme Fahrhilfe zur Verfügung.

Innerhalb von drei Jahren entschließen sich rund 848 000 Autofahrer zum Kauf des neuen Rekord. Von der Gesamtzahl der verkauften Fahrzeuge werden etwa 447 000 exportiert. Dieser Erfolg hat seine Begründung in dem außerordentlich modernen Bedienungs- und Fahrkomfort und in der freundlichen Farbgebung. Waren nach 1945 die Autos oft nur schmucklose Gebrauchsfahrzeuge im Einheitsgrau und eigentlich den Männern vorbehalten, so sind diese Autos mit ihren Pastellfarben und Weißwandreifen eher Schmuckstücke, für die sich immer mehr weibliche Führerscheininhaber interessieren. Opel hat diesen Trend, der natürlich in den USA geprägt wurde, in Deutschland sehr früh aufgegriffen.

1958 WARTBURG 900/1000

Die Karosserie des Wartburg 900 (Automobilwerk Eisenach) wird 1958 modernisiert. Das betrifft den Kühlergrill und die Stoßstangen. Die Limousine und das Coupé sind jetzt mit einer Panorama-Heckscheibe ausgestattet und neue Farben und mehr Chrom begeistern die Bürger der damaligen DDR. Der Zweitakt-Dreizylindermotor des Fronttrieblers leistet 38 PS und erreicht 115 km/h, den Kombi bringt er auf 100 km/h. 1962 erhält der Wartburg einen 992 cm³ Motor mit 45 PS, der eine Höchstgeschwindigkeit von 122 km/h (Kombi 105 km/h) erzielt. Der Wartburg 1000, wie er jetzt offiziell heißt, wird bis 1966 gebaut.

Wartburg 900 Limousine in viertüriger Standardausführung. Unten die fünftürige Camping-Limousine mit Sonderkarosserie

Wartburg 900 Kombiwagen. Die Sitze sind bis zur völlig ebenen Ladefläche abklappbar und als Transportraum stehen 1 620 x 1 200 x 850 mm zur Verfügung

"Unter den Linden": Eine angemessene Kulisse für das schnittige, hochmoderne Wartburg Coupé mit seiner Panorama-Heckscheibe

1959 BMW 700

BMW 700 LS Luxus (ganz oben), BMW 700 Coupé und BMW 700 als Cabriolet (unten)

Nach der BMW Isetta und dem BMW 600 platzieren die Münchener einen dritten Kleinwagen im stürmisch umkämpften Automobilmarkt, den BMW 700. Und auch der wird wieder ein „Renner": Vom Start 1959 bis zur Produktionseinstellung 1965 werden inklusive der LS-Modelle insgesamt 188 121 Exemplare gebaut.

Eigentlich sieht der BMW 700 nicht wie ein typischer Kleinwagen seiner Zeit aus. Seine langgestreckte sportlich geschnittene Karosserie, die bei Michelotti in Turin gezeichnet wird, kommt den Mittelklassewagen sehr nahe.

Zuerst erscheint das besonders attraktive Coupé, dem noch im Dezember 1959 die zweitürige Limousine folgt. Der gleiche mittragende Karosserieunterbau erhält beim Viersitzer einen höheren Dachaufbau, der nach hinten verlängert wird. Beide sind mit einem Zweizylinder-Heckmotor mit 30 PS ausgestattet, wobei das Coupé 125 km/h erreicht und die Limousine 120 km/h. 1960 folgt der 700 Sport mit 40 PS und 135 km/h, der ab 1963 umbenannt wird in 700 CS. Ein zweisitziges Cabrio wird 1961 angeboten. Die Version LS Luxus von 1962 begnügt sich wieder mit 30 PS und 1964 schließlich geht das LS Coupé, das von Baur in Stuttgart gefertigt wird, mit der Motorisierung des 700 CS an den Start, leistet also 40 PS und erreicht damit eine Höchstgeschwindigkeit von 135 km/h.

1959 MERCEDES-BENZ *Heckflossen*

Auch die seriösen Karosserieschneider von Mercedes-Benz kommen nicht am Zeitgeist vorbei. Dem amerikanischen Vorbild folgend präsentieren sie 1959 ihre ersten Modelle mit „Peilstegen", die als „Heckflossen-Mercedes" in die Automobilgeschichte eingehen und als schönste ihrer Zeit gelten. Für diese neue Karosserie sind viele Motorvarianten lieferbar, vom 1,9-Liter-Diesel bis zum 3-Liter-Einspritzer. Dem jeweilgen Motor sind selbstverständlich auch die Innenausstattung und die Fahrwerkstechnik angepasst. Gebaut werden die Heckflossen-Mercedes von 1959 bis 1968.

Der 2 170 kg schwere Mercedes-Benz 230 S Universal kommt mit 120 PS auf eine Höchstgeschwindigkeit von 176 km/h

Dieser Mercedes-Benz 230 erreicht mit 105 PS eine Höchstgeschwindigkeit von 168 km/h

Der 300 SE mit 170 PS (190 km/h) wird auf Wunsch mit schalldichter Trennwand zwischen Vordersitzen und Fond geliefert

Mit eleganten Weißwandreifen: Mercedes-Benz 220 b von 1959 mit 95 PS. Höchstgeschwindigkeit: 160 km/h

1959 NSU *Sport Prinz*

„Auch von zarter Damenhand lässt sich der NSU Sport Prinz trefflich dirigieren" heißt es in einem Verkaufsprospekt. Aber der Sport Prinz ist keineswegs nur ein Damenauto. Der Zweizylinder-Viertaktmotor mit 598 cm³ Hubraum verfügt über 30 PS und bringt das 555 kg leichte Coupé mit Heckantrieb auf rund 130 km/h. Für eine gute Straßenlage sorgt die Einzelradaufhängung aller vier Räder, vorne an Trapezdreiecklenkern in Verbindung mit einem Querstabilisator, hinten an Querlenkern. Erfreulich gering ist der Verbrauch von 5,3 Liter auf 100 km.

Die ausgefallen formschöne Karosserie kommt nicht von ungefähr: Dafür leistet sich NSU den berühmten italienischen Schneider Bertone. Der Sport Prinz hat zwei vollwertige Sitze und zwei Notsitze im Fond, auf dem zwei bis drei Kinder Platz haben. Das Fahrgestell entspricht dem des Prinz. Wie es sich für einen richtigen Sportwagen gehört, wird das Coupé vorwiegend in roter Lackierung geliefert. Wer das nicht mag, kann sich für einen hellen Silberton oder Weiß entscheiden. Die Polster sind anthrazitgrau.

Gebaut wird der Sport Prinz bis 1967 insgesamt 20 831-mal. Der Preis beträgt zunächst 6 550 Mark, zuletzt, ab April 1965, nur noch 5 135 Mark.

„Hand aufs Herz – und Fuß aufs Gas: Einen solchen Wagen wollten Sie doch immer schon fahren! Oder wenigstens testen. Tun Sie es doch! Am besten bei einem Bekannten, der selbst den Sport Prinz fährt oder aber – genauso unverbindlich – beim nächsten NSU-Händler" heißt es im Prospekt. Wer kann da widerstehen?

Klein, aber oho! Das NSU Sport Prinz Coupé lockt mit breiten Türen zum Einstieg in einen rasanten Sportflitzer

Der NSU Sport Prinz hat 30 PS unter der Haube und kommt damit auf eine Höchstgeschwindigkeit von 130 km/h

1960 FORD 17M „Badewanne"

Das sehr elegant gezeichnete Sport-Coupé des Ford 17M aus der Karosserieschmiede Deutsch

Wegen seines nach den Strömungslinien der Luft konzipierten Karosseriestils wird der Ford 17M im Volksmund treffend „Badewanne" genannt. Unten ist der 17M als Kombi oder Turnier, wie er bei Ford heißt, in zeitgemäßer Zweifarbenlackierung abgebildet

Speziell für Deutschland entwickelt Ford eine Karosserieform, auf die der Volksmund sofort reagiert: „Badewanne". Sie erscheint 1960, löst den Barocktaunus ab und sieht völlig anders aus als dieser. Sie trägt die „Linie der Vernunft", wie Ford es in der Werbung nennt. Glatt, abgerundete Kotflügel, fast stromlinienförmig.

Obwohl gewöhnungsbedürftig kommt die Karosserie gut an. Der Bundesbürger, der die Nachkriegszeit mit ihren Entbehrungen und Belastungen überwunden hat, ist aufgeschlossen für neue Ideen und besonders empfänglich für alles, was aus Amerika kommt. Die amerikanische Automobilindustrie, von Kriegsschäden oder deren Folgen kaum betroffen, ist in diesen Jahren Trendsetter für Europa. So erklärt sich der Erfolg der „Badewanne", die von September 1960 bis August 1964 produziert wird und eine Auflage von 669 731 Stück erreicht! Darunter 86 010 Turnier, wie der Kombi bei Ford genannt wird.

Den „P3", wie die Badewanne werksintern heißt, gibt es als 1,5 Liter Version mit 55 PS (130 km/h) und als 1,7 Liter Version mit 60 PS (135 km/h) jeweils mit zwei oder vier Türen, als Turnier und als Zweisitzer-Cabriolet und Coupé. 1961 kommt der stärkere 17M TS auf den Markt, der mit 1 758 cm^3 Hubraum 70 PS (später 75 PS) leistet und ca. 150 km/h erreicht.

1961 VOLKSWAGEN *1500*

Erstmals auf der IAA 1961 stellt Volkswagen eine völlig neue Baureihe vor. Das ist eine Sensation, denn bisher gibt es bei VW nur den Käfer. Und die Wolfsburger trumpfen sofort mit einem kompletten Modellprogramm auf. Der VW 1500, werksintern Typ 3, ist mit einem 1,5-Liter-Motor mit 45 PS ausgestattet, der eine Spitzengeschwindigkeit von 130 km/h erreicht. Das Basismodell ist die Stufenhecklimousine mit zwei Türen. Gleichzeitig werden auf der IAA 1961 ein Karman Ghia Cabriolet und ein auf der Grundlage der Limousine konzipiertes viersitziges Cabriolet vorgestellt. Der Kombi, bei Volkswagen Variant genannt, wird ab Februar 1962 gebaut. 1963 wird der VW 1500 auf 54 PS verstärkt, was zu einer Höchstgeschwindigkeit von 140 km/h führt. Äußerlich bleibt der jetzt 1500 S genannte VW unverändert. 1965 setzt der „große Volkswagen" als VW 1600 mit 1,6 Liter Motor seine außerordentlich erfolgreiche Karriere fort.

Nach dem Käfer gelingt VW mit dem 1500 gleich wieder ein „großer Wurf". Oben der 1500 A, der 1965 gebaut wird. Der Kombi 1500 Variant ist ab 1962 zu haben. Von dem viersitzigen Cabrio werden 1961 nur 16 Exemplare von Hand bei Karmann in Osnabrück gefertigt, dann beschließt VW, das Cabrio nicht in Serie zu bauen

1962 BMW 3200 CS

Eines der ersten Modelle des BMW 3200 CS von 1962. Das Coupé wurde vollständig restauriert

Der letzte BMW V8, dessen Entwurf kein geringerer als Bertone skizzierte, geht 1962 in Serie. Obwohl von dem 3200 CS, der bis 1965 gebaut wird, nur 602 Exemplare entstehen, gilt dieser BMW als einer der gelungensten aller Zeiten. Die schlichte, klassische Karosse ist bei Oldtimerfreunden hoch im Kurs. Der sportliche Reisewagen ist ausgesprochen nobel ausgestattet, die Polster sind mit feinstem Leder lieferbar. Der 3200 CS wird ausschließlich als viersitziges Coupé angeboten. Man kann wählen zwischen sportlicher „Knüppelschaltung" oder der aus den Barockengeln bekannten Lenkradschaltung. Der V8 Motor leistet 160 PS und bringt den knapp 30 000 Mark teuren 3200 CS auf eine Höchstgeschwindigkeit von 200 km/h.

1962 OPEL Kadett

Im August 1962 wird „100 Jahre Opel" gefeiert und gleichzeitig geht eine völlig neue Konstruktion an den Start, der Kadett, der mit seinem Namensvetter aus der Vorkriegszeit nichts mehr zu tun hat. Opel hat für seinen Neuen eigens ein modernes Montagewerk in Bochum errichtet, eine Investition, die sich lohnt: Der Kadett ist vom Start weg erfolgreich. Seine erste Baureihe, die 1965 abgelöst wird, erreicht eine Gesamtauflage von 649 512 Exemplaren. Der 670 Kilogramm leichte „Ein-Liter-Wagen" ist wahlweise mit 40 PS (120 km/h) oder 48 PS (133 km/h) lieferbar und mit 5 075 Mark für die 40-PS-Version als Limousine ausgesprochen günstig. Neben der normalen Limousine (A) bietet Opel eine längere Ausführung (L) an sowie ein 2/2 sitziges Coupé und den obligatorischen Kombi „Caravan 1000".

Opel Kadett Caravan L, fünftüriger Kombi von 1965

Opel Kadett Coupé mit 48 PS von 1963 und die „heiße" Version des Kadett Coupés, der Rallye Kadett mit 60 PS von 1966

Opel präsentiert 1962 den Erfolgstyp Kadett

1962 BMW *1500, 1600, 1800*

1962 startet die BMW Mittelklasse mit dem BMW 1500

Der BMW 1600 ersetzt 1964 den BMW 1500 und wartet mit vielen Verbesserungen auf

Der BMW 1800 beschleunigt von 0 auf 100 km/h in 13 Sekunden, die Höchstgeschwindigkeit liegt bei 160 km/h

Bei BMW heißt es 1962: „Die neue Klasse sportlicher Tourenwagen beginnt". Nicht zu groß und nicht zu klein soll sie sein, eine moderne Mittelklasse. Die ambitionierte Reihe startet mit dem BMW 1500. Der völlig neu konstruierte 1,5-Liter-Vierzylinder-Motor leistet 80 PS und erreicht eine Höchstgeschwindigkeit von 145 km/h. Die klar gezeichnete Ganzstahlkarosserie mit vier Türen, kombiniert mit gepflegter Ausstattung und anspruchsvoller Technik, trifft die Erwartungen vieler Autokäufer.

1963 erscheint der BMW 1800, der sich vom 1500 nur durch seinen größeren 1,8 Liter Motor mit 90 PS unterscheidet, der 162 km/h erreicht. Außerdem ziert ein durchgehender Chromstreifen die Karosserie. 1964 verstärkt der BMW 1800 TI mit 110 PS und 175 km/h die BMW Mittelklasse.

1964 löst der BMW 1600 mit 1,6 Liter Motor den BMW 1500 ab. Der 1600 ist gegenüber dem 1500 äußerlich unverändert, trumpft aber mit etlichen Detailverbesserungen auf. Der 1500 leistet 83 PS und erreicht 155 km/h.

Der BMW 1500 kostet bei seiner Einführung 9 485 Mark, für den 1600 wird derselbe Preis verlangt, der 1800 ist für 9 985 Mark zu haben und der 1800 TI steht mit 10 960 Mark in der Preisliste.

1963 MERCEDES-BENZ 230 SL, 250 SL, 280 SL

Im März 1963 präsentiert Mercedes-Benz den Nachfolger des legendären 190 SL. Der 230 SL hat nichts mehr vom barocken Stil seines Vorgängers, er passt sich dem kantigen Design der Limousinen an. Der überarbeitete Sechszylindermotor, der vom 220 übernommen wird, erreicht mit 150 PS eine Spitzengeschwindigkeit von 200 km/h und beschleunigt in elf Sekunden von 0 auf 100 km/h. Der 230 SL wird bis 1967 gebaut und erreicht eine Auflage von 19 831 Exemplaren – für einen Sportwagen außergewöhnlich hoch. Der Preis liegt bei 22 200 Mark.

Mit einem 2,5-Liter-Motor aber ebenfalls 150 PS ist der 250 SL ausgestattet, der von 1966 bis 1968 im Programm ist und dann von dem 280 SL abgelöst wird. Dieser 2,8-Liter-Wagen leistet 170 PS, erreicht aber mit 200 km/h nur dieselbe Höchstgeschwindigkeit wie der 230 SL. Auch die Beschleunigung bleibt bei elf Sekunden. Das Fahrwerk ist dagegen weicher abgestimmt und die Ausstattung reichhaltiger bemessen.

Mercedes-Benz 230 SL, 250 SL und 280 SL. Wird das Coupé-dach, das in sogenannter „Pagodenform" karossiert ist, abgenommen, verwandelt sich der Wagen in ein Cabriolet

1963 DKW F12

Hier wird die Geräumigkeit des DKW F12 gezeigt. Gegen Aufpreis gibt es Weißwandreifen und Zweifarben-Lackierung. Für den Roadster wird mit einer abwaschbaren Innenausstattung geworben

Der DKW F12 erscheint 1963 unter dem Dach der Auto Union, die 1958 von Daimler-Benz übernommen und 1965 an Volkswagen weiter verkauft wird. Der F12 ist in der Tat „elegant, schnittig, formschön und außerordentlich geräumig", wie es die Werbung verspricht. Das sehen auch erstaunlich viele Käufer beziehungsweise Käuferinnen so, denn der F12 wird, inklusive Roadster, 82 506-mal verkauft. Ausgestattet mit einem 900 cm³ Motor mit 40 PS erreicht der F12 eine Spitzengeschwindigkeit von 124 km/h. Der ebenfalls 1963 vorgestellte Roadster mit voll versenkbarem Verdeck kommt mit 45 PS auf 128 km/h. 1965 läuft die Produktion des DKW F12 aus und die Zeit der Zweitaktmotoren für Personenwagen ab. Jenen Motoren, die DKW so berühmt gemacht haben.

1964 MERCEDES-BENZ 600

Mercedes-Benz 600 als achtsitzige Pullman-Limousine

Mercedes-Benz 600 Sonderausstattung: Flaschen und Gläser sind im Kühlfach ebenso sicher befestigt wie auf der aufklappbaren Ablage

Mercedes-Benz 600 als Landaulet Sonderausführung

Der Papst besitzt ihn, Ölscheichs kurven damit auf ihren Wüstenstraßen herum, Präsidenten und Wirtschaftskapitäne aus aller Welt bestellen sich Sonderausführungen mit raffinierter Technik und in aufwendigster Ausstattung. Nur die Bundesregierung knausert. Bonn mietet das Luxusauto je nach Bedarf in Stuttgart an.

Noch heute zählt der Mercedes 600, der von 1964 bis 1981 gebaut wird, zu den exklusivsten Autos der Welt. Nur 2 677 Exemplare werden in den 17 Jahren Bauzeit hergestellt, 586 davon bleiben in Deutschland. Mit dem Mercedes 600 knüpft Daimler-Benz wieder an die Zeit der Repräsentationsautos der dreißiger Jahre an; ein Kompressor arbeitet jetzt allerdings nicht mehr unter der Haube. Von Serienfertigung kann man beim 600er nicht sprechen. Er wird jeweils ganz individuell für den Kunden hergestellt. Daran darf längst nicht jeder mitarbeiten. So exklusiv wie der Wagen sind die Monteure: 15 Jahre Werkszugehörigkeit und exzellentes Können sind die Mindestvoraussetzungen. Damit der Chauffeur den Nobelwagen optimal beherrscht, lädt die Firma Daimler-Benz ihn zu einer zwei Tage dauernden Schulung ein.

Der V8 Motor mit 6 330 cm^3 Hubraum leistet 250 PS und erreicht 207 km/h, der Pullman 200 km/h. Der 600 ist 5 450 mm lang, 1 950 mm breit und 1 500 mm hoch, die Pullman Version 6 240 mm lang, 1 950 mm breit und 1 510 mm hoch.

Mercedes-Benz 600 mit Achtzylinder-V-Motor mit Saugrohr-Einspritzung

Mercedes-Benz 600 Pullman an der Fähre über den Neckar bei Gundelsheim 1967

1964 OPEL Kapitän, Admiral, Diplomat

Opel Kapitän, Baureihe A, von 1964 in Athen (oben). Opel Admiral, Baureihe B, von 1969 (rechts). Opel Diplomat Coupé, Baureihe A, 1966 gebaut bei Karmann (unten)

Mit neuer Karosserie präsentieren sich „die großen Drei" von Opel 1964. Kapitän und Admiral wollen mit 2,6 Liter Motoren mit 100 PS und 158 km/h Höchstgeschwindigkeit die „dicken Fische" aus Industrie und Politik an Land ziehen. Der Diplomat fährt noch schwerere Geschütze auf. Sein Chevrolet 4,6 Liter V8 Motor leistet 190 PS und erreicht 198 km/h. Auch die Beschleunigung ist für den 1590 kg schweren Wagen beachtlich: Von null auf 100 in 11 Sekunden. 1965 sind auch der Kapitän und der Admiral mit dem V8 Motor zu haben. Diese Baureihe, bei Opel intern „A" genannt, wird bis 1968 gebaut und erreicht eine Auflage von insgesamt 89 277 Exemplaren. Die Preise bewegen sich von 10 990 DM für den Kapitän von 1964 bis 26 000 DM für das Diplomat V8 Coupé von 1966.

1964 TRABANT 601

Die Karosserie des Trabant wird 1964 modernisiert. Die Gesamtglasfläche ist vergrößert und schmalere Säulen vorn und hinten sorgen für verbesserte Rundumsicht. Durch die verbreiterte Motorhaube und die leicht abnehmbare Kühlerattrappe ist der Zugang zum Motorraum bequemer geworden. Alle Außenbauteile sind aus Duroplast gefertigt. Neue Türscharniere garantieren einen Öffnungswinkel von 85 Grad.

Neu beim „Trabi" 601 ist auch der eingeklebte Himmel aus gestepptem Faservlies. Der Clou: Bei Erneuerung des Himmelstoffs muss kein Fachmann ans Werk, den kann man selbst einkleben.

An der Technik hat sich nichts verändert. Der Zweizylindermotor mit 595 cm^3 leistet 23 PS und erreicht 105 km/h. 1969 wird der Trabant auf 26 PS (108 km/h) verstärkt.

Mit mehr als 3 Millionen verkauften Exemplaren von 1958 bis zur Produktionseinstellung 1991 ist der Trabi einer der erfolgreichsten Personenwagen aller Zeiten.

Familienauto und Kleintransporter: Trabant 601 Universal

Trabant 601 von den Automobilwerken Zwickau (AWZ), links die „De Luxe"-Version von 1966 in Zweifarblackierung, unten in Röntgenzeichnung die 26 PS Ausgabe von 1969

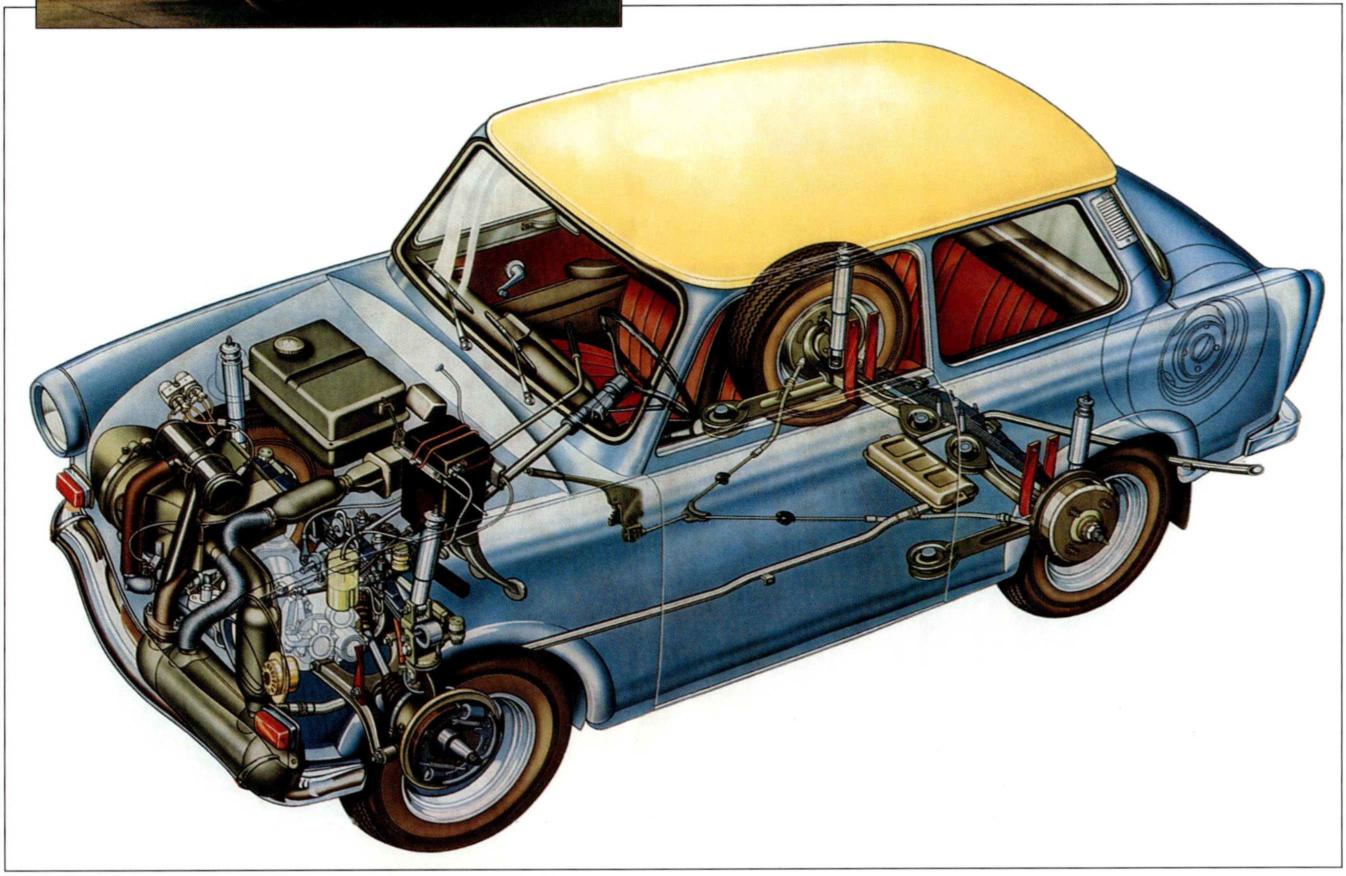

1964 **NSU** *Prinz 1000*

Zur IAA 1963 wird er präsentiert und im April 1964 beginnt die Produktion: NSU Prinz 1000. Die Karosserie mit der umlaufenden Prägekante ist vom Prinz 4 übernommen, neu sind die attraktiven, in die Breite gezogenen Scheinwerfereinsätze. Der luftgekühlte 1 Liter Vierzylinder-Viertaktmotor leistet 43 PS und erreicht 135 km/h. Als sportliche Variante gesellt sich 1965 der Prinz 1000 TT hinzu, der mit 55 PS auf 148 km/h kommt. 1967 entfällt die populäre Bezeichnung „Prinz" und im selben Jahr erscheint der NSU TTS mit 70 PS und 160 km/h Höchstgeschwindigkeit. Als die Baureihe 1972 eingestellt wird, kann sie auf mehr als 262 671 verkaufte Exemplare verweisen.

Der NSU Prinz 1000 TT (ganz oben) wird 1966 mit einer 1,1 Liter-Maschine geliefert, ab 1968 mit 1,2 Liter. Der Prinz 1000 mit 1 Liter Motor (Mitte und unten) besticht mit seinen Drillings-Heckleuchten und den breit gezogenen Scheinwerfereinsätzen

1964 NSU *Spider*

NSU Spider mit Wankel-Kreiskolbenmotor im Rennsporteinsatz

Nur 2 375 mal wird es gebaut, aber es ist das erste Serienautomobil der Welt mit Wankel-Kreiskolbenmotor. Das von Felix Wankel entwickelte Triebwerk ist im Heck des NSU Spider untergebracht, der Kühler vorn. Die deshalb ausgeglichene Achslastverteilung mit zentraler Schwerpunktlage kommt den Fahreigenschaften zugute. Wankel erkannte, dass bei richtiger Anordnung von Dichtelementen in seiner Maschine drei Kammern entstehen, die ihr Volumen bei der Bewegung wechselnd vergrößern und wieder verringern würden. Einem Zweitakter ähnlich, kommt sein viertaktender Motor ohne aufwendige Ventilmechanismen aus und wird über Steueröffnungen betrieben.

Mit 50 PS ermöglicht der Motor Höchstgeschwindigkeiten bis zu 155 km/h. Er beschleunigt von 0 auf 100 km/h in 14,2 Sekunden. Der chice zweisitzige Roadster wird bis 1967 produziert.

1964 PORSCHE 911

Porsche 911 S von 1966 (oben und Mitte rechts), Porsche 911 von 1964 (Mitte links), und die Innenausstattung des Porsche 911 S von 1966 (unten)

Der heute legendäre Porsche Typ 911 geht 1964 an den Start. Der Neunelfer, wie er bei seinen Liebhabern heißt, wird von einem luftgekühlten 2,0 Liter Sechszylindermotor angetrieben, der 130 PS leistet und 210 km/h Spitze erreicht. Dank des neuen, vollsynchronisierten Fünfganggetriebes kann das Coupé in nur neun Sekunden von 0 auf 100 km/h beschleunigt werden.

Trotz der geduckten, langgestreckten Karosserie sind die Fensterflächen für einen solchen Sportwagen recht groß dimensioniert – eine Folge der äußerst tief gelegten Gürtellinie.

1966 folgen das Cabrio „Targa", das erste Cabrio der Welt mit fest integriertem Überrollbügel, und der 160 PS starke und 220 km/h schnelle 911 S mit innenbelüfteten Scheibenbremsen. 1967 erscheint der 911 T (Touring) wieder mit 130 PS.

1964 GLAS 1300 GT, 1700 GT

Dieser schnittige Sportwagen, für dessen Linie der Turiner Karosseriekünstler Frua verantwortlich zeichnet, ist ohne Zweifel das schönste Fahrzeug von Glas. Der 1300 GT geht 1964 mit 75 PS und 170 km/h in Serie, ein Jahr später ist er auf 85 PS verstärkt, erreicht damit 174 km/h und beschleunigt von 0 auf 100 km/h in 12,5 Sekunden. Der größere Bruder 1700 GT startet 1965 mit 100 PS, 186 km/h Spitze und kommt in 11,5 Sekunden von 0 auf 100 km/h.

Beide Varianten sind als Coupé oder Roadster Cabriolet lieferbar. Beim Roadster ist die Windschutzscheibe etwas niedriger, ansonsten wird dieselbe Ausstattung geboten. Das Verdeck des Roadsters lässt sich vollkommen im Heck verstauen.

Bis zur Produktionseinstellung 1967 werden von beiden Modellen insgesamt 5 367 Exemplare hergestellt. Der GT ist der einzige Glas, der bei BMW noch ein Jahr lang weiter gebaut wird (1 259 Stück), allerdings mit Getriebe und Hinterachse des BMW 1600 TI.

Der schönste Glas: 1300 GT und 1700 GT sind jeweils als Coupé und Roadster Cabriolet lieferbar. „Ein Vollblut unter den sportlichen Wagen der Welt" heißt es in der Werbung

1965 BMW 2000 C, 2000 CS

Ein Novum: Die BMW Zweiliter Coupés erscheinen 1965 noch vor den erst 1966 folgenden Limousinen. Das Coupé unten zeigt die Vierkammer-Leuchten mit optisch getrennten Systemen für Blink-, Rück-, Bremslicht- und Rückfahrscheinwerfer

Gleich einer Raubkatze kommt es daher, mit seinen trapezförmigen verschlagen wirkenden Augen, das Zweiliter-Coupé von BMW. Und schnell ist es auch: Mit 100 PS schafft es 172 km/h und kommt von 0 auf 100 km/h in 13 Sekunden. Das 2000 CS Coupé mit 120 PS erreicht 185 km/h und jagt in nur 12 Sekunden von 0 auf 100 km/h. Erstmals ist bei diesen Coupés wahlweise ein Automaticgetriebe erhältlich.

Gebaut werden die in der BMW Designabteilung entworfenen rassigen Coupés bei Karmann bis 1970 in einer Auflage von insgesamt 11 720 Exemplaren.

1965 AUDI 72 PS

Beginn einer neuen Epoche: Bei der Auto Union startet 1965 der Audi mit 1700 cm³ und Vierzylinder Viertakt Mitteldruckmotor mit 72 PS und 148 km/h Höchstgeschwindigkeit. Dieser neue Audi hat zunächst keine weitere Bezeichnung, wie später etwa der Audi 80. Aber mit seinem Frontantrieb, der Einzelradaufhängung und der gefälligen Karosserie mit den breiten Scheinwerfern erreicht der Audi auf Anhieb gute Verkaufsergebnisse.

1966 folgt der zwei- oder viertürig lieferbaren Limousine der Kombi „Variant" mit versenkbarer hinterer Sitzbank, dessen Hecktür nach oben schwenkt und sich selbst feststellt. Bei umgeklappten Fondsitzen entsteht eine etwa zwei m² große Ladefläche. Der Audi (72 PS) wird bis 1968 gebaut, sein Preis beträgt 7 700 DM für die zweitürige Limousine und 8 300 DM für den Variant.

Audi startet in eine neue Ära: Der Kombi „Variant" (oben) und die Limousine (Mitte und unten). Ganz im Stil der sechziger Jahre präsentiert sich auch die Dame mit Minirock

1966 BMW 02-Reihe

Bei BMW startet 1966 die außerordentlich erfolgreiche „Neue Klasse", die als die sogenannte 02-Reihe in die Automobilgeschichte eingeht. Es handelt sich um kompakte zweitürige Sportlimousinen mit modernster Fahrwerkstechnik und einer breiten Motorenpalette.

Es geht los mit dem BMW 1602, der mit 85 PS 162 km/h erreicht, und 1967 folgt der BMW 1602 TI (zwei Vergaser) mit 105 PS und 175 km/h. 1968 erscheinen der BMW 2002 mit 100 PS, der auf 173 km/h Spitze kommt, und der BMW 2002 TI mit 120 PS Leistung und 190 km/h Höchstgeschwindigkeit. 1971 wird die Baureihe um zwei weitere Typen ergänzt: BMW 1802 mit 90 PS und 167 km/h und BMW 2002 tii (Benzineinspritzung) mit 130 PS und 190 km/h Spitze. 1973 kommt der stärkste 02 auf den Markt, der BMW 2002 turbo mit Benzineinspritzung und leistungserhöhender Aufladung der Zylinder durch Abgasturbolader. Mit 170 PS erreicht der turbo 211 km/h und beschleunigt von 0 auf 100 km/h in nur 8 Sekunden. 1975 folgt noch ein abgespeckter Nachzügler, der BMW 1502, mit 75 PS und 157 km/h Höchstgeschwindigkeit.

Start in eine neue Klasse: BMW 1602

Mit Benzineinspritzung: BMW 2002 tii

BMW 2002 Cabriolet, gebaut bei Baur, mit Überrollbügel

Der BMW 2002 turbo kommt auf 211 km/h

1966 WARTBURG 353

Wartburg 353 als viertürige Limousine (oben), als Kombi „Tourist" (rechts) und im Duo vor der Wartburg (unten)

Erfahrungen aus der 75-jährigen Geschichte des Eisenacher Automobilbaus stehen hinter dem Wartburg 353, heißt es in einem Werbeprospekt des VEB Automobilwerk Eisenach. Und in der Tat, der 353 kann sich sehen lassen. Der Nachfolger des Wartburg 312 ist zwar noch mit dessen Motor ausgestattet, präsentiert sich aber mit einer völlig neuen Karosserie, die sehr zeitlos geschnitten ist. Er bietet eine vorzügliche Rundumsicht und viel Platz für Passagiere und Gepäck. Der Zweitakt-Dreizylindermotor leistet 45 PS und erreicht in der Spitze 125 km/h.

1967 gibt es ein voll synchronisiertes Getriebe. 1968 ist der Wartburg 353 wahlweise mit Stahlschiebedach zu haben und unter der Bezeichnung Tourist auch als Kombi lieferbar. 1969 wird die Leistung auf 50 PS erhöht. Mit immer wieder verbesserten Details wird der 353 bis 1988 gebaut.

1967 NSU Ro 80

Der Ro 80 beschließt, exklusiv und zukunftsweisend, den Reigen des Audi-NSU-Programms. Mit ihm verschwindet die traditionsreiche Marke NSU. 1967 wird der Ro 80 auf der IAA präsentiert und vom Publikum bewundert. Die Karosserie ist so ausgeglichen und zeitlos, dass sie auch Jahrzehnte später im Straßenverkehr kaum auffällt. Aber das Besondere des Ro 80 ist sein NSU Wankel Kreiskolbenmotor. Er ist leichter und etwas kleiner als ein vergleichbarer Hubkolbenmotor, hat keine hin- und hergehenden Massen, vermeidet deshalb hohe Massenbeschleunigungskräfte und ist laufruhig.

Der Ro 80 hat Frontantrieb und Vierrad-Scheibenbremsen mit Zweikreis-Hydraulik. Der Motor leistet 115 PS und bringt den Wagen auf 181 km/h. Zehn Jahre lang, bis 1977, wird der Ro 80 fast unverändert gebaut und erreicht die Stückzahl von 37 398 Exemplaren. Der Preis steigt im Lauf der Bauzeit von 14 150 DM (1967) auf 22 700 DM (1976). Heute zählt der NSU Ro 80 zu den begehrtesten Oldtimern.

„Vorsprung durch Technik" heißt es in der Werbung für den NSU Ro 80 und „ein Wagen der Avantgarde" sollte er sein. Das ist zweifellos gelungen. Die Schnittdarstellung zeigt den Zweischeiben Wankel Motor mit angeflanschtem Drehmomentwandler und Schaltkupplung

Mit seinen Doppelscheinwerfern, dem angehobenen Heck und den funktional gestalteten Armaturen ist der NSU Ro 80 auch vom Design her seiner Zeit voraus

1968 VOLKSWAGEN 411

Nach dem Käfer ist der 411 die erste durchgreifende Neuentwicklung von VW. Zwar sind der Heckmotor und die Luftkühlung geblieben, aber erstmals präsentiert VW eine selbsttragende Karosserie. Im Vergleich zum VW 1500/1600 ist der 411 größer konzipiert und bietet mehr Platz und Komfort. Zunächst startet der „Nasenbär" mit einem 1,7 Liter Motor mit 68 PS und einer Spitzengeschwindigkeit von 145 km/h, 1969 gesellt sich die Version 411 E (Einspritzer) mit 80 PS und 155 km/h hinzu. Beide Versionen sind mit zwei oder vier Türen lieferbar. 1969 erscheint der 411 Variant, der Lieferwagen.

1972 wird der VW 411 vom VW 412 abgelöst, wobei die ovalen Scheinwerfer durch rechteckige ersetzt werden. Wenn auch der Nasenbär kein besonders beliebter VW ist, erfolgreich ist er allemal. In den nur sechs Jahren Produktionszeit von 1968 bis 1974 werden 355 200 Exemplare der Typen 411 und 412 abgesetzt.

Prototyp von Karmann: Viersitziges VW 411 Cabriolet mit elektrohydraulischer Betätigung des Faltverdecks. Die Rückscheibe aus kratzfestem Kunststoff ließ sich mittels Reißverschluss heraustrennen. Die Weißwandreifen sind 1968 große Mode

VW 411 L Variant. Das „L" steht für Luxusversion. Auf dem Bild links zeigt sich der VW 412 mit neuer Scheinwerferform

VW 1600 und VW 411 E (Vordergrund). Die Doppelscheinwerfer des 411 E sind mit Halogenleuchten ausgestattet

1968 OPEL GT

„Nur Fliegen ist schöner" heißt der Werbespruch des Opel GT, jenes legendären Sportwagens, der 103 373 Käufer findet

Internationale Automobilausstellung 1965 – Am Opel-Stand wird ein „Experimental-GT" präsentiert. Dieser Opel, der stark der Chevrolet-Corvette ähnelt, wird zwar beachtet, aber man kennt das ja mit den Experimentals: Serienfahrzeuge werden in der Regel nie daraus. Und niemand ahnt, dass aus dieser Studie drei Jahre später tatsächlich ein überaus erfolgreicher Sportwagen wird: der Opel GT. Dieser GT erregt das Interesse aller Sportwagenfans: schnittige Linienführung, versenkte Scheinwerfer, die sich beim Öffnen um ihre Achse drehen, unter der Stoßstange sitzende Weitstrahler für die Lichthupe, in die Dachpartie hineinragende Türen. Und vor allem, der Preis hält sich in Grenzen. Die 1900er Version mit 90 PS und 185 km/h Spitze kostet 11 880 DM. Der GT 1900 wird bis 1973 gebaut, sein kleinerer Bruder, der GT 1100, nur bis zum Sommer 1970. Die stärkere Version verkauft sich wesentlich besser. 1969 werden zwei Einzelstücke einer Targa-Version „Aero GT" gebaut. 1971 erscheint der GT/J (Junior), der vom Motor her dem 1900 entspricht und sich nur durch mattes Schwarz anstelle von Chrom von diesem unterscheidet.

1968 FORD *Escort*

Der von den englischen Ford-Werken entwickelte Escort geht im Januar 1968 auf der Insel an den Start. Nach geringfügigen Änderungen durch Kölner Ingenieure kommt der Escort bereits im September 1968 in Deutschland auf den Markt. Hier soll er sich gegen den VW Käfer und den Opel Kadett behaupten – kein leichtes Unterfangen.

Die erste Escort-Bauserie, von der in Deutschland insgesamt 234 667 Exemplare verkauft werden, endet 1974. Sie beginnt mit dem Escort 1100 mit 40 PS und 127 km/h. Der 1100 S ist mit 45 PS ausgestattet und erreicht 131 km/h. Der 1300 leistet 48 PS und kommt auf 135 km/h, der 1300 S verfügt über 52 PS und bringt 140 km/h. Die 1300er Typen GT, GXL und Sport mit 64 PS (ab September 1970 72 PS) sind noch nicht die stärksten dieser Bauserie. Sie werden übertroffen von dem Escort RS 2000, der von 1973 bis 1974 mit 1993 cm³ Hubraum und 100 PS auf 176 km/h kommt.

Der stärkste Ford Escort der ersten Bauserie von 1968-1974 ist der Escort RS 2000 mit 2,0 Liter Maschine, 100 PS und einer Höchstgeschwindigkeit von 176 km/h

Ford Escort GT als viertürige Limousine (Farbbild oben), als Escort XL Turnier (Lieferwagen) und als zweitürige Limousine

1968 BMW 2500 / 2800

Neuer Start in Oberklasse: BMW 2800 mit Sechszylindermotor und 170 PS. Der Kühlergrill mit den vier Halogenscheinwerfern reicht über die ganze Wagenbreite. Ein mit Gummileiste und Gummihörnern bewehrter Stoßdämpfer schützt die flache Frontpartie (oben). Das BMW Coupé 2800 CS beschleunigt von 0 auf 100 km/h in 9,3 Sekunden (Mitte links). BMW Coupé 2800 CS von Karmann (Mitte rechts) und der BMW 2500 mit 150 PS (unten)

Im Jahr 1968 erscheinen wieder neue große BMW mit Sechszylindermotoren, die Typen 2500 und 2800. Sie sind mit Scheibenbremsen an allen vier Rädern, Sperrdifferential, Niveauausgleich an der Hinterachse und Servolenkung ausgestattet und kennzeichnen die Rückkehr von BMW in die Oberklasse.

Die Typen 2500 und 2800 werden von 1968 bis 1977 gebaut. Der BMW 2500 leistet 150 PS und erreicht 190 km/h, der 2800 ist mit 170 PS ausgestattet, kommt auf 200 km/h und beschleunigt in 10 Sekunden von 0 auf 100 km/h. Das ebenfalls 1968 erscheinende Coupé 2800 CS wird bis 1971 gebaut. Es erreicht mit 170 PS eine Höchstgeschwindigkeit von 206 km/h.

1969 FORD *Capri*

Ford Capri 1700 GT – ein viersitziger Sportwagen. Die Wagen mit X- oder XL-Ausstattung haben im Fond Einzelsitze

Die Präsentation des Capri Mitte Januar 1969 findet selbstverständlich auf der Mittelmeerinsel desselben Namens statt. Aber man hat nicht mit Petrus gerechnet. Der macht nämlich einen Strich durch die Rechnung, sodass die Vorstellung wegen anhaltenden starken Regens auf dem Festland in der Stadt Neapel stattfindet. Der Capri ist eine gemeinsame Produktion von Ford England und Ford Deutschland. Das Pendant zum amerikanischen Ford Mustang wird optimal auf den europäischen Geschmack zugeschnitten: lange, gestreckte Motorhaube, kurzes Heck und sportliche Aufmachung.

Das Capri-Programm von 1969 ist in fünf Hubraumklassen von 1,3 bis 2,3 Liter gestaffelt, die Motoren leisten 50 bis 108 PS. Die Spitzengeschwindigkeit des 1969 stärksten Capri 2300 GT beträgt 180 km/h. Der Capri erscheint zunächst als Vierzylinder, ab Mai 1969 ist er auch als Sechszylinder lieferbar. Die Grundausstattung lässt sich durch verschiedene Ausstattungspakete (L, X, XL) verfeinern, ganz individuell. Zusätzlich gibt es beim 1700 GT und beim 2300 GT eine erweiterte Instrumentengruppe mit Drehzahlmesser, Öldruckanzeiger und Amperemeter. Bis 1973 läuft die erste Serie, von den bis dahin 784 000 produzierten Fahrzeugen fahren zwei Drittel im Ausland, der größte Teil davon in den USA.

1970 OPEL Manta

Perfekt organisierte Manta-Treffen finden statt, bei denen man die neuesten Tuningteile und Fahrkünste demonstriert und sich beim Erzählen unzähliger Manta-Witze übertrifft. Manta-Filme werden gedreht und ein Manta-Song, der sich alleine mehr als 100 000 mal verkauft, lautet: "Ich fahr' ja den Manta, das is'n starker Bock. Da drin werd' ich zum Panther und fahr' andauernd um'n Block." Der Manta erlebt einen Zuspruch, den er zu seinen Bauzeiten nicht hatte. Er ist längst ein Kult-Auto.

Die erste Version, der Manta A, kommt 1970 auf den deutschen Markt und wird 1975 abgelöst vom Dauerbrenner Manta B, der sich bis 1988 im Opel-Programm hält. Der Manta A erscheint in sieben Motorvarianten von 1,2 Liter mit 60 PS und 145 km/h bis zu 1,9 Liter mit 105 PS und 190 km/h. Der Manta B schafft es auf 13 Varianten von 1,2 Liter mit 55 PS und 138 km/h bis zu 2,0 Liter mit 110 PS und 187 km/h.

Eigentlich als Familiensportwagen gedacht, gerät der Manta im Lauf der Bauzeit immer "heißer". Kaum ein Manta B, der nicht mit Bauteilen von Tunern wie Irmscher oder anderen aufgemotzt ist: Spoiler, Seitenschweller, Breitreifen und so weiter.

Opel Manta B in der Version GT/E Combi-Coupé

Manta B als GSI. Links: Manta A, die Ursprungsversion

Der Manta A mit den typischen runden Doppel-Rückleuchten. Von diesem Turbo Manta wurden nur wenige Exemplare gebaut

1970 VOLKSWAGEN K 70

Die Mittelklasse-Limousine K 70 wird von NSU-Ingenieuren entwickelt und soll auf dem Genfer Salon 1969 vorgestellt werden, aber dazu kommt es nicht. Kurz zuvor hatte die zu VW gehörende Auto Union die NSU Motorenwerke übernommen. Um die Markposition des VW 411 und des Audi 100 nicht zu gefährden, sagt VW die Vorstellung des K 70 ab. Weil dieser aber wegen seiner vielen technischen Neuerungen bei der Fachpresse schon kräftig gepunktet hatte, produziert VW den K 70 selbst und bereits Ende 1970 beginnt der Verkauf dieses ersten Volkswagens mit Frontantrieb, Reihenmotor und Wasserkühlung. Der 1,6 Liter Wagen ist mit 75 PS (148 km/h) und mit 90 PS (158 km/h) lieferbar. 1973 erscheint der K 70 S mit 1,8 Liter Motor mit 100 PS (162 km/h). Bis 1974 ist der VW K 70 im Programm und erreicht eine Gesamtauflage von rund 211 000 Exemplaren.

K 70: Der erste Volkswagen mit Frontantrieb, Reihenmotor und Wasserkühlung wird noch bei NSU entwickelt

Mit Halogen-Doppelscheinwerfern präsentiert sich der VW K 70 im Jahr 1972. Der Mittelklassewagen besticht durch seinen großen Innenraum und den 700 Liter fassenden Gepäckraum

1970 AUDI 100 Coupé S

Der erfolgreichen Audi 100 Limousine folgt 1970 ein rassiges Coupé. Mit den Doppelscheinwerfern und dem langgestreckten Fließheck trifft es den Geschmack sportlich orientierter Autokäufer Anfang der siebziger Jahre. Die 1,9 Liter Maschine mit 115 PS jagt das Coupé in 9,9 Sekunden von 0 auf 100 km/h. Die Höchstgeschwindigkeit liegt bei 185 km/h. 1976 wird die Produktion der Limousine und des Coupés eingestellt. Bis dahin sind 827 474 Exemplare des Audi 100 gebaut, darunter 30 687 Coupés.

Frontantrieb und ein leistungsstarkes Fahrwerk sorgen beim Audi 100 Coupé S für gutes Fahrverhalten. Gemäß dem Stil der Zeit sind die schalenförmigen Sitze mit »Skai« bezogen

1972 MERCEDES-BENZ S-Klasse

Ein Meilenstein in der Geschichte von Daimler-Benz ist die Einführung der neuen S-Klasse im Jahr 1972. Noch heute genießen diese Wagen den Ruf, zu den besten Autos der Welt aller Zeiten zu zählen. Neben dem zeitlosen Styling besticht die S-Klasse durch die robusten und technisch ausgereiften 2,8 Liter Sechszylinder- und 3,5 Liter V8-Motoren. 1973 kommt die 4,5 Liter V8 Maschine hinzu und die stärkste Variante der neuen S-Klasse ist der 450 SEL von 1975, der von einem 6,8 Liter V8-Motor angetrieben wird.

Der »Kleinste« der neuen S-Klasse, die insgesamt neun Varianten umfasst, leistet 160 PS und erreicht damit eine Höchstgeschwindigkeit von 190 km/h. Der 450 SEL ist mit 286 PS ausgestattet, beschleunigt von 0 auf 100 km/h in 8 Sekunden und kommt auf 225 km/h. Für den amerikanischen Markt wird 1977 ein Diesel in das S-Klasse Programm aufgenommen, der 300 SD. Mit seinen 115 PS erreicht der Diesel 165 km/h.

1979 wird diese S-Klasse von einer neuen Baureihe abgelöst. Sie ist rund 473 000 mal verkauft worden, ein enormes Ergebnis für derart hochklassige Fahrzeuge, die zu Preisen von 23 800 DM bis 81 300 DM vornehmlich an Wirtschaftsbosse verkauft wurden.

Von oben nach unten. Mercedes-Benz 450 SE mit 225 PS (210 km/h), das Spitzenmodell 450 SEL 6.9 mit 286 PS (225 km/h) und der 280 SEL mit 185 PS (200 km/h). Der 450 SEL 6.9 beschleunigt von 0 auf 100 km/h in 10,5 Sekunden

1972 FORD *Granada*

Die zweitürige Ford Granada Fastback-Limousine zeigt ihre komfortable Innenausstattung. Rechts: Der Granada GXL ist serienmäßig mit Radio, Schiebedach und automatischem Getriebe ausgestattet

Granada GT von 1972. Unten: Granada Coupé von 1973

Ford stellt 1972 eine völlig neue Modellreihe vor. Sie ersetzt den 17M, den 20M und den 26M und soll den Wagen der Konkurrenz in der gehobenen Mittelklasse und in der Spitzenklasse Marktanteile abjagen. Und in der Tat: Der Granada bietet viel Komfort, Geräumigkeit und eine exquisite Ausstattung. Er ist als viertürige Limousine, zweitürige »Fastback«-Limousine und fünftüriger »Turnier« (Lieferwagen) zu haben.

1972 erscheinen drei Varianten: Der Granada 2,3 mit 108 PS (164 km/h), der Granada 2,6 mit 125 PS (175 km/h) und der Granada 3,0 mit 138 PS (182 km/h). Während der Bauzeit bis 1985 folgt eine Vielzahl unterschiedlichster Motorversionen. 1973 kommt ein reduzierter Granada mit 1,7 Liter Maschine mit 65 PS (136 km/h) auf den Markt. Ab 1978 sind auch verschiedene Diesel Versionen im Programm. Schnellster Granada ist der 2,8i von 1977, der mit 160 PS eine Höchstgeschwindigkeit von 193 km/h erreicht und von 0 auf 100 km/h in 10 Sekunden beschleunigt. Rund 1,6 Millionen Granada finden ihre Käufer, rund die Hälfte davon wird exportiert.

1973 VOLKSWAGEN *Passat*

Bei Volkswagen beginnt im Mai 1973 eine neue »unendliche« Geschichte: Das Erfolgsmodell Passat wird vorgestellt. Er ist der Nachfolger des VW 1600 und technisch mit dem Audi 80 verwandt. Mit seinem elegant wirkenden Fließheck und vielen Neuerungen passt der Passat bestens in die siebziger Jahre. Dieser Mittelklassewagen mit Frontantrieb ist bei seinem Erscheinen mit eiem 1,3 Liter Motor mit 55 PS (150 km/h) oder mit dem 1,5 Liter Motor mit 75/85 PS (160/168 km/h) lieferbar. Die Limousine ist zwei- und viertürig erhältlich und der Kombi Variant mit fünf Türen. Der stärkste Passat der ersten Generation kommt 1979 mit einer 1,6 Liter Maschine auf den Markt, die 110 PS leistet und 185 km/h schnell ist. Auch die Beschleunigung kann sich sehen lassen: Von 0 auf 100 in 10,5 Sekunden.

Die erste Generation des VW Passat endet 1980 mit einer stolzen Verkaufs-Bilanz: Über zwei Millionen Exemplare.

Der neue Erfolgswagen von VW mit markantem Fließheck. Die große Heckklappe des Passat Variant ermöglicht einen bequemen Zugriff auf den Gepäckraum. Bei umgeklappter Rücksitzlehne vergrößert sich der Stauraum auf 1550 mm Länge und 1360 mm Breite

1974 VOLKSWAGEN *Golf*

Klassensieger: Der Golf startet 1974 eine großartige Karriere. Rechts: Der Golf GTI. Unten: Das Sportcoupé »Scirocco« (Wüstenwind) ist ein Bruder des Golf und kommt ebenfalls 1974 auf den Markt

Volkswagen auf Erfolgskurs: Nur ein Jahr nach dem Auftritt des Passat gelingt den Wolfsburgern erneut ein ganz großer Wurf: Der Golf, der Nachfolger des legendären Käfer, startet zu einem einzigartigen Siegeszug. Der Mittelklassewagen läuft und läuft wie sein Vorgänger und auch nach Jahrzehnten hat er nichts von seiner Attraktivität eingebüßt.

1974 ist der Golf als 1100er mit 50 PS (145 km/h) und als 1500er mit 70 PS (160 km/h) lieferbar. Die Kombilimousine wird mit zwei oder vier Türen und großer Heckklappe geliefert, die Rücksitze sind vorklappbar. 1976 kommt der Golf GTI mit 1,6 Liter Einspritzmotor auf den Markt, jener sportliche Typ, der sich bald unter den populärsten Kultautos wiederfinden wird. Er ist mit 110 PS ausgestattet und zeigt mit 183 km/h Spitzengeschwindigkeit seinen Konkurrenten die Rücklichter. Eine Dieselvariante gesellt sich 1976 in das Golf-Programm.

In den Folgejahren bis zum Ende der ersten Golfgeneration 1983 kommen etliche Varianten auf den Markt, darunter ein Turbo-Diesel. Schnellster ist der Golf GTI von 1982, der mit dem 1,8 Liter Einspritzmotor mit 112 PS bis zu 187 km/h erreicht und in 9 Sekunden von 0 auf 100 km/h beschleunigt. Auch in Sachen Verkauf ist der Golf nicht zu überholen: Rund 6 Millionen Exemplare werden von 1974 bis zum Modellwechsel 1983 gebaut.

1978 MERCEDES-BENZ *T-Reihe*

Mercedes-Benz 300 TD Turbodiesel mit 125 PS

Die neue T-Reihe ist nicht nur als Lieferwagen, sondern auch für Sport und Freizeit ideal. Die Laderaumkapazität der fünftürigen T-Reihe ermöglicht eine universelle Nutzung

Mit der neu entwickelten T-Reihe erweitert Daimler-Benz sein Pkw-Programm um eine bisher noch nicht produzierte Karosserievariante. Das »T« steht für Transport, aber durch die vielfältigen Ausstattungs- und Zubehörmöglichkeiten, die Dachreling und die gelungene Karosserie, die eher Pkw als Lieferwagen assoziiert, ist die T-Reihe auch für Hobby- und Freizeitausflügler interessant. Fünf Motorversionen vom 2,4 Liter Diesel bis zum Sechszylinder-Einspritzer stehen zur Verfügung. Den drei Dieseltypen 240 TD, 300 TD und 300 TD Turbodiesel stehen die drei Benzinversionen 200 T, 230 TE und 280 TE gegenüber.

Der Sechszylinder Einspritzmotor des 280 TE leistet 177 PS und erreicht damit 200 km/h Höchstgeschwindigkeit. Die Beschleunigung dieses immerhin 2085 kg schweren Wagens von 0 auf 100 km/h in 10 Sekunden kauft manchem Sportwagen den Schneid ab.

1978 BMW M 1

Auf der Basis einer Rennentwicklung entsteht 1978 die Serienversion des BMW M 1. Der Sechszylinder Mittelmotor in Gitterrohrrahmen ist vor der Hinterachse positioniert. Die 3,5 Liter Maschine leistet 277 PS und treibt den Stromlinien-Sportwagen auf eine Höchstgeschwindigkeit von 262 km/h. Der M 1 benötigt lediglich 6,5 Sekunden, um von 0 auf 100 km/h zu beschleunigen. Die beiden Rennausführungen sind natürlich noch stärker ausgelegt – mit 470 PS Saugmotor (310 km/h) oder mit 850 PS Turbomotor (330 km/h).

Der M 1 ist nicht nur der stärkste BMW, er ist auch der teuerste. Zunächst steht er mit 100 000 DM in der Liste, 1979 kostet er sogar 113 000 DM und zum Ende seiner Bauzeit 1980/81 ist er für 90 000 DM zu haben. Klar, dass von einem solchen Prestigewagen keine immensen Verkaufszahlen zu erwarten sind: Die Auflage beträgt 450 Exemplare.

Der BMW M 1 ist das erste Produkt der Motorsport GmbH. Dieses Hochleistungs-Coupé wurde 1979 in der Procar-Serie im Rahmenprogramm der Formel 1 in ganz Europa vorgestellt. Abgebildet ist die Sechszylinder Straßenversion mit 277 und einer Höchstgeschwindigkeit von über 260 km/h

1978 BMW 635 CSi

Das luxuriöse Sportcoupé BMW 635 CSi. Auffällige Karosseriemerkmale sind die Front- und Heckspoiler. Der M 635 CSi ist mit Vierventil-Technik ausgestattet

Auf dem Genfer Salon 1976 stellt BMW das neue 6er-Coupé vor, dessen Karosserie die Firma Karmann in Osnabrück baut. Der 630 CS ist mit einem 3 Liter Vergasermotor ausgestattet, der 633 CSi mit einem 3,3 Liter Einspritzmotor. Der Stärkste des Trios ist der 635 CSi, dessen 3,5 Liter Sechszylinder Einspritzmotor 218 PS leistet und der dieses Sportcoupé auf 222 km/h bringt. Um von 0 auf 100 km/h zu beschleunigen, benötigt der 635 CSi 8 Sekunden. 1982 wird der 635 CSi leicht modifiziert, 1983 erscheint der M 635 CSi mit dem Motor des M 1 mit 286 PS (255 km/h), 1987 kommt der 635 CSi KAT auf den Markt, 1989 läuft die Baureihe aus.

1979 VOLKSWAGEN *Golf Cabrio*

Kein leichtes Spiel hat das Golf Cabrio, sich gegen seinen übermächtigen Vorgänger, das populäre Käfer Cabriolet, durchzusetzen. Immer wieder ist die Rede vom Stummelheck und der Überrollbügel wird als Henkel verspottet. Am ärgsten trifft den Golf Cabrio Liebhaber aber sicher die Bezeichnung Erdbeerkörbchen. Kommt Zeit kommt Rat: Inzwischen hat das Golf Cabrio längst Kult-Status erreicht.

Im März 1979 wird das Golf Cabrio auf dem Genfer Salon vorgestellt, Anfang 1980 beginnt bei Karmann in Osnabrück die Produktion. Der 1,5 Liter Vierzylindermotor leistet 70 PS und erreicht 153 km/h, bei offener Fahrweise reduziert sich die Höchstgeschwindigkeit auf 148 km/h – was den Cabrio-Enthusiasten nicht im geringsten stört. Dem ist die offene Fahrweise viel mehr Wert als das Tempo.

Mit dick gepolstertem Faltverdeck präsentiert sich das Golf Cabrio 1987

Golf Cabrio in der Version von 1984. Links: Die Ausführung von 1979. Unten: Der Prototyp des Golf Cabrios noch ohne Überrollbügel

1980 AUDI Quattro

Mit dem Audi-Quattro, auf dem Genfer Autosalon 1980 erstmals präsentiert, beginnt eine neue Epoche für die Allrad-Antriebstechnik. Audi wird zum Trendsetter. Im Rallyesport wie im automobilen Alltag ist der Siegeszug des Quattro nicht mehr aufzuhalten. 1982 erscheint der Audi 80 Quattro und Audi wird als erstes deutsches Automobilwerk Quattro-Rallye-Markenweltmeister. Von 1980 bis 1989 werden mehr als 183 000 Audi mit permanentem Allradantrieb zugelassen. Die Struktur der Audi-Fronttriebler erweist sich als ideal für die Weiterentwicklung zum Allradantrieb. Der längs eingebaute Motor liegt vor dem Differential der angetriebenen Achse, direkt dahinter das Schaltgetriebe. Man braucht nur das vorhandene Zweiwellen-Getriebe so zu ändern, dass es ein Zwischendifferential und den Antrieb zu den Vorderrädern aufnehmen kann. In allen Modellreihen bietet Audi zumindest eine Quattro-Version an.

Mit dem Spitzenmodell, dem 300 PS starken Sport Quattro, unterstreicht Audi seine sportlichen Ambitionen. Dem Sport Quattro, der schon bald den Kampf um Punkte aufnimmt, folgt der 200 Quattro als Spitzenmodell. Der 90 Quattro führt die Konzeption in der Mittelklasse weiter. 1988 präsentiert Audi den V8 mit Viergang-Automatikgetriebe (ab 1989 auch mit Handschaltung) und das Quattro-Coupé. 1990 steigt Audi mit einem V8 in die deutsche Tourenwagen-Meisterschaft ein.

Audi quattro 1980/81 mit Fünfzylinder-Einspritzmotor mit Abgas-Turbolader mit 200 PS (222 km/h)

Coupé quattro von 1984 mit 136 PS (200 km/h)

Automobiltechnologie im Aufbruch

Zukunftsgerichtete technische Tradition, 50jährige Wegbereitung des Frontantriebes, logische Weiterentwicklung mit hohem Einsatz an Innovation dokumentieren das Produkt der Gegenwart. Audi Quattro.

Audi

Vorsprung durch Technik

1982 MERCEDES-BENZ *190*

Mercedes-Benz 190 E 2.6 mit 160 PS (210 km/h)

190 D (Diesel) mit 72 PS (160 km/h). Rechts: Der 190 E 2.3-16 kommt mit 185 PS auf 220 km/h. Unten sind die komfortablen Sitzverhältnisse des 190ers zu sehen

Mit dem »kleinen« Mercedes, der in den USA Baby-Benz genannt wird, sollen neue Käuferschichten für Daimler-Benz angeworben werden. Zunächst setzt der Verkauf recht zögernd ein, denn der Preis des 190ers ist überraschend hoch angesetzt. Doch bald wird klar, dass dafür auch eine Menge Qualität in kompakter Form geboten wird. Hinzu kommt, dass das ungewöhnlich hohe Heck immer mehr Freunde findet und vielen Mitbewerbern als Vorbild dient. Kurzum: Der »kleine« Mercedes fährt sich unverdrossen auf Platz drei der Zulassungsstatistik nach VW Golf und Opel Kadett. Zunächst erscheinen die Typen 190, 190 E und 190 D, wobei sich der Einspritzer als besonders gut verkäuflich erweist. 1983 kommt der 190 E 2,3-16 mit 16-Ventil Zylinderkopf auf den Markt und 1986 folgen der 190 E 2,6 mit dem neuen 2,6 Liter Motor der S-Klasse und der 190 E 2,3 mit dem bewährten Vierzylindermotor. In den ersten vier Jahren werden mehr als eine halbe Millionen 190er gebaut.

1982 OPEL Corsa

Der in Rüsselsheim entwickelte und zur Serienreife gebrachte kleine Kompaktwagen wird 1982 vorgestellt. Der Corsa ist Opels Anwort auf den Ford Fiesta und den VW Polo. Mit seinen straffen, klaren Linien, großen Glasflächen und der wirkungsvollen Aerodynamik gefällt der kleine Opel auf Anhieb. Hinzu kommen die gute Verarbeitung, der robuste Motor und der geringe Benzinverbrauch. Von 1982 bis 1988 werden mehr als 1,6 Millionen Exemplare verkauft.

Der Corsa ist in dieser Zeit in vielen Motorvarianten erhältlich. Er startet 1982 mit der 1,0 Liter Maschine mit 45 PS, die 141 km/h erreicht. Stärkster Corsa ist 1988 der GSi mit einem 1,6 Liter Einspritzmotor der 100 PS leistet, auf 190 km/h kommt und in 10 Sekunden von 0 auf 100 beschleunigt.

Oben rechts: Opel Corsa, dreitürige Kombilimousine mit 45 PS. Mitte und unten: Opel Corsa GSi mit 100 PS

1985 FORD *Scorpio*

Von oben nach unten: Ford Scorpio GL, die Basisversion Scorpio CL und der Scorpio 4x4 mit permanentem Allradantrieb

Der Scorpio, der nach sechsjähriger Entwicklungszeit mit Spannung erwartet wird, imponiert durch seine aerodynamische Karosserie. Der Nachfolger des Granada verfügt über Hinterradantrieb, Vierradscheibenbremsen und ABS. Fords Topmodell kann außerdem auf niedrige Verbrauchswerte, ein großes Platzangebot und viel Komfort verweisen. Der Scorpio wird ausschließlich als viertürige Limousine mit Heckklappe angeboten.

Als Motoren stehen zur Wahl: Drei Vierzylinder mit 1,8 Liter und 90 PS, 2,0 Liter und 105 PS und der 2,0i mit 115 PS, der 193 km/h erreicht. Außerdem wird ein 2,8i mit Vierradantrieb angeboten. Dieser Scorpio 4x4 wird von einem V6 Einspritzmotor mit 150 PS angetrieben und kommt auf 203 km/h.

Drei Ausstattungsstufen stehen zur Verfügung: Der CL hat ABS, Fünfganggetriebe, zwei Nebelschlussleuchten, Automatikgurte vorn und hinten, Lenkradverstellung, eine heizbare Heckscheibe und eine umklappbare Rückbank. Der GL verfügt zusätzlich über Kopfstützen im Fond, Drehzahlmesser, Fahrersitz-Höhenverstellung und elektrische Fensterheber vorn. Das Topmodell Ghia bietet darüber hinaus elektrisch verstellbare, beheizte Außenspiegel, Heckscheibenwischanlage, getönte Scheiben, elektrische Rücksitz-Lehnenverstellung, Zentralverriegelung und Kartenleselampen.

1986 BMW 325i Cabrio

Die neue 3er-Reihe führt BMW 1983 ein und gleich mit dabei ist wieder ein Hardtop-Cabrio mit Überrollbügel der Stuttgarter Karosseriefabrik Baur. Ein ganz offenes viersitziges Cabrio kommt jedoch aus BMW-eigener Produktion 1986 auf den Markt. Das aufwendig verarbeitete Verdeck lässt sich einfach bedienen und verschwindet unter einer Abdeckklappe hinter den Rücksitzen. Die auffallend klare und schlichte Karosserielinie kommt vom Start weg gut an und so erfährt sich das BMW 325i Cabrio mit den Jahren Kultstatus. »Freude am offenen Fahren oder offene Freude am Fahren« skandiert BMW in der Werbung für sein »Vollcabriolet«, und das ist ausnahmsweise nicht übertrieben. Der Sechszylinder Einspritzmotor mit 170 PS bringt das 1715 kg schwere Cabrio auf eine Höchstgeschwindigkeit von 220 km/h.

Die Textilverdecke des BMW 325i Cabriolets sind in schwarz, blau oder braun erhältlich. Das »Topcabriolet« mit Überrollbügel von Baur erscheint bereits kurz nach der Markteinführung der 3er-Reihe im Jahr 1983 (unten)

BMW 325i Cabrio. Das sogenannte Vollcabriolet wird von BMW ohne Überrollbügel gefertigt

1986 BMW 7er-Reihe

Die Langversion: BMW 750i L von 1987

BMW 735i mit 211 PS. Oben das Cockpit der neuen 7er-Reihe

Im Jubiläumsjahr des Automobils erwartet die Welt eine neue große Limousine« heißt es vorausschauend in einem Werbeflyer von BMW aus dem Jahr 1985. Und man hätte ohne weiteres noch das Adjektiv »herausragende« hinzufügen können. Denn in der Tat: Die BMW 7er-Reihe von 1986 setzt Maßstäbe. Die Formgebung ist bestechend zeitlos. Getriebe, Hinterachse und Fahrwerk sind verbessert. Motor, ABS und ASR werden elektronisch überwacht. Außerdem bedient die Elektronik beispielsweise die Viergang-Getriebeautomatik mit verschiedenen Fahrprogrammen, die Sitzverstellung, die Memory-Schaltung, die Klima-Regelung und die Türschlossenteisung.

Zwei Sechszylinder-Varianten sind 1986 im Programm, der 730i mit 188 PS (224 km/h) und der 735i mit 211 PS (233 km/h). 1987 wird das Angebot um die Typen 750i und 850i mit 300 PS erweitert. Diese sind mit einem 5,0 Liter 12V Leichtmetall-Einspritzmotor mit Dreiwege-Katalysator ausgestattet. Bei beiden ist die Höchstgeschwindigkeit elektronisch auf 250 km/h begrenzt. Von den Typen 735i und 750i bietet BMW auch eine Langversion an, die mit 114 mm mehr Radstand zusätzlichen Raum im Fond schafft.

1987 PORSCHE 959

Der Porsche 959 ist nicht nur das stärkste und schnellste Auto für die Straße, mit ihm gelang auch ein technisches Kunstwerk« schreibt Clauspeter Becker in der »Motor Revue«. Auf der IAA 1983 wird zum ersten Mal ein Prototyp präsentiert, 1985 folgt die zweite Premiere und im April 1987 ist es soweit: Die Auslieferung beginnt. Der geplanten Auflage von 200 Wagen stehen 450 Vorbestellungen gegenüber. Schließlich werden 283 Stück gebaut. Der Preis: 420 000 DM, pro Stück versteht sich. Japaner bieten eine Million DM.

Für den enormen Preis wird allerdings auch viel geboten. Unübersehbar bildet der 911 das technische Fundament. Der Motor stammt dagegen von den Rennsportwagen 936 und 956. Es ist ein Sechszylinder-Boxer, der mit zwei Turboladern 450 PS entwickelt. Damit erreicht der 959 eine Spitzengeschwindigkeit von 315 km/h und rast von 0 auf 100 km/h in 3,9 Sekunden. 95 mm Bohrung und 67 mm Hub ergeben 2850 ccm. Dazu kommt ein Allradantrieb mit permanent variierender Drehmomentverteilung in Sekundenbruchteilen und ein Sechsganggetriebe. Die Karosserie besteht aus mehreren Materialien: Der Kern aus feuerverzinktem Stahl, Kotflügel, Dach, Schweller und Heck sind aus faserverstärktem Kunststoff, Haube und Türen aus Aluminium. Müßig zu erwähnen, dass beim 959 der Innenraum mit feinstem Leder ausgestattet ist. Aber wer möchte, kann auch griffige Stoffbezüge bekommen.

Keinen Gewinn, aber jede Menge Prestige bringt der 959 ein, und das war auch so geplant. Für die Männer-Vogue ist der 959 ein High-Tech-Spielzeug, für die Auto Bild ein »Überauto«.

»Superding, High-Tech-Spielzeug, Überauto«: Porsche 959

Das Kraftwerk des Porsche 959 mit 450 PS

1988 MERCEDES-BENZ *300 SL, 500 SL*

Mercedes-Benz 300 SL/500 SL Roadster mit abnehmbarem Coupédach

Die SL-Reihe präsentiert sich 1988 als völlig neue Sportwagengeneration. Die Linienführung ist das Meisterstück von Chefstylist Bruno Sacco. Zunächst werden drei Leistungsklasse angeboten: Der 300 SL mit Sechszylindermotor mit 190 PS (230 km/h), der 300 SL-24 mit Sechszylindermotor mit 231 PS (240 km/h) und der 500 SL mit V8-Motor mit 326 PS (250 km/h). Sieben Sekunden benötigt der 500 SL, um von 0 auf 100 km/h zu beschleunigen.

Auch für die neuen SL gibt es ein abnehmbares Coupédach, neu sind das elektrohydraulische Verdeck und der im Bedarfsfall automatisch ausfahrende Überrollbügel. Owohl die Produktion im Bremer Werk gesteigert wird, sind die SLs auf Jahre hinaus vorverkauft und das zu Preisen von 92 500 bis 146 800 DM. Bis Mitte 1994 sind mehr als 104 900 Exemplare ausgeliefert. Im Juni 1992 übernimmt der 600 SL mit Zwölfzylindermotor die Leistungsspitze: 395 PS (250 km/h) und von 0 auf 100 in 6,1 Sekunden. Das hat seinen Preis: 217 740 DM für die Grundversion.

1988 BMW Z1

Dieser rassige Roadster mit Stahl-Monocoque-Chassis ist mit einer Kunststoff-Außenhaut verkleidet, die keine statische Funktion hat, theoretisch könnte der Z1 also auch ohne sie fahren. Die Türen verschwinden auf Knopfdruck samt Seitenscheiben im Türschweller. Ein besonderes Erlebnis ist es, den Z1 mit offenen Türen zu fahren. Das ist legal, weil wegen der tiefen Sitzposition keine Gefahr für die Insassen besteht. Der Sechszylinder Einspritzmotor ist bekannt aus der 3er- und der 5er-Reihe. Er leistet 170 PS (220 km/h) und befindet sich hinter der Vorderachse, ein Frontmittelmotor sozusagen. Für die meisten der vielen Fans bleibt der Z1 ein Traum: Der Preis beträgt 87 000 DM. Gebaut werden von 1988 bis zur Einstellung im Jahr 1991 rund 8 000 Exemplare.

Der BMW Roadster Z1 ist eine eigenständige Entwicklung der BMW Technik GmbH

1988 AUDI V8

Audi V8 quattro (DTM-Version) mit Hans-Joachim Stuck

Das Triebwerk des V8 3,6 Liter mit 250 PS

Der Audi V8 Lang wird bei Puch in Graz/Österreich gebaut

Audi V8 quattro (DTM-Version) mit Walter Röhrl

Audi stellt 1988 den V8 vor, eine Hochleistungslimousine mit 3,6 Liter Leichtmetallmotor mit 250 PS (240 km/h) in Kombination mit permanentem Allradantrieb. Ab 1990 ist der V8 auch mit Fünfgang-Handschaltgetriebe zu haben.

Ein Jahr später folgt der Audi V8 Lang mit 4,2 Liter Motor mit 280 PS (248 km/h). Der Innenraum ist noch komfortabler. Bodengruppe und Karosserie sind um 31,6 cm, der Radstand auf 3,018 m verlängert. Im Fond befinden sich zwei in Längsrichtung und Lehnenneigung elektrisch einstellbare und beheizbare Einzelsitze und eine Zwischenkonsole.

Bis 1991 werden vom V8 insgesamt rund 16 000 Exemplare hergestellt. Die Preise bewegen sich zwischen 88 300 DM für den Audi V8 (im Juni 1991) und 163 000 DM für den Audi V8 Lang.

1988 PORSCHE *911 Carrera*

Im August beginnt eine neu Ära in der Geschichte des Porsche 911: Der Carrera 4 wird vorgestellt. Er ist mit permanentem Allradantrieb ausgestattet, der 3,6 Liter Motor leistet 250 PS (260 km/h) und beschleunigt den Sportwagen innerhalb von sechs Sekunden von 0 auf 100 km/h. Der äußere Clou: Der Heckflügel ist beweglich und fährt bei Tempo 80 automatisch aus. Alle Porsche werden ab Februar 1991 mit Airbag für Fahrer und Beifahrer angeboten. 1992 debütiert der zweite 911 Speedster, jetzt auf Carrera 2-Basis und in limitierter Auflage. 1993 wird der Porsche 911 30 Jahre alt. Und das wird mit einem Jubiläumsmodell gefeiert: Ein Coupé auf Carrera 4-Basis mit Turbofahrwerk in numerierter Auflage von 911 Stück.

Porsche 911 Carrera 2 Speedster mit 250 PS

Porsche 911 Carrera 2 Cabriolet, rechts Carrera 4 Cabriolet mit jeweils 250 PS (260 km/h). Der Porsche 911 Carrera RS 3,8 Liter (unten) mit 300 PS (270 km/h) beschleunigt von 0 auf 100 in 5,0 Sekunden

1990 BMW *8er Coupé*

Er ist ein Star auf der IAA 1989: der Zwölfzylinder-BMW. Man sieht ihn kaum, so ist er umlagert. Ein luxuriöser 2+2 sitziger Sportwagen mit vielen technischen Neuerungen. Der Fünf-Liter-Motor mit 300 PS und einem maximalen Drehmoment von 450 Newtonmeter beschleunigt das 1790 kg schwere Coupé in 6,8 Sekunden aus dem Stand auf 100 km/h. Die Höchstgeschwindigkeit ist elektronisch auf 250 km/h begrenzt. Aber nicht nur technisch hat der 850i viel zu bieten. Auch optisch. Der extrem flache Kühlergrill, die langgestreckte Motorhaube – er kann sich sehen lassen. Neu im 850i: Sechsgang-Schaltgetriebe, Integral-Hinterachse, automatische Stabilitätskontrolle (ASC), sitzintegriertes Gurtsystem, das BMW erstmals in ein Serienfahrzeug einbaut, Klappscheinwerfer, regenerierende Stoßfänger, Informationssystem in der Mittelkonsole. Zur Serienausstattung gehören aerodynamisch geformte und beheizte Außenspiegel, Klimaautomatik mit Partikelfilter, Fahrerscheibenwischer mit geschwindigkeitsabhängig geregeltem Anpressdruck: Wortschöpfungen, an die man sich gewöhnen muss.

1993 erscheint der 840 Ci mit Achtzylinder V-Motor mit 286 PS. Stärkster im Trio der großen Coupés ist der 850 CSi mit 381 PS, bei dem die Spitzengeschwindigkeit, wie schon bei den anderen, auf 250 km/h begrenzt ist. Von 0 auf 100 beschleunigt der 850 CSi in 6,0 Sekunden. Rund 30 000 Exemplare verkaufen sich von 1990 bis 1999, die Preise liegen zwischen 129 000 DM und 193 000 DM.

BMW 840 Ci, unten der 850i

Das BMW 8er Coupé präsentiert sich vor seinen Ahnen. Von rechts nach links: 327 (1937 bis 1941), 503 (1956 bis 1959), 3200 CS (1962 bis 1965), 2000 C (1965 bis 1969), 3.0 CS (1968 bis 1975), 635 CSi (1976 bis 1989)

1990 BMW 3er

Die neue 3er-Reihe von BMW, hier die viertürige Limousine, unten das sogenannte »Top-Cabriolet« von Baur

Die dritte Generation der 3er-Reihe präsentiert BMW-Entwicklungschef Wolfgang Reitzle im September 1990 in Nimes/Südfrankreich. Sieben Jahre dauerte die Entwicklung, die über drei Milliarden Mark verschlungen hat. Eine lohnende Investition, denn die neue 3er-Reihe ist wieder ein gelungener Wurf. Er sehe aus, als sei er aus der Art geschlagen, schreibt »Der Spiegel« und meint damit die rundlich wirkende Form und die Tatsache, dass bei der neuen 3er-Reihe der Komfort Vorrang gegenüber der Sportlichkeit hatte. Der Innenraum ist gegenüber seinem Vorgänger deutlich größer ausgefallen. Die Doppelscheinwerfer sind wegen der Aerodynamik erstmals hinter einer Verglasung. Die Fünfganggetriebe-Automatik ist einmalig in dieser Fahrzeugklasse. Neu ist auch die Zentral-Lenker-Hinterachse. Sonderausstattungen werden geboten, die sonst nur Fahrzeugen der Luxusklasse vorbehalten sind wie Klimaanlage mit Mikrofilter, für Fahrer und Beifahrer getrennte Temperaturregelung, HiFi-System oder elektrische Sitzverstellung.

Zwei Vierzylinder- und zwei Sechszylindervarianten sind 1990 im Angebot: Der 316i mit 100 PS (191 km/h), der 318i mit 110 PS (198 km/h), der 320i mit 150 PS (214 km/h) und das Spitzenmodell, der 325i mit 192 PS (233 km/h). 1992 folgt ein Coupé, 1993 ein Cabriolet und 1994 der Touring (Kombi).

1990 OPEL *Calibra*

Auf den erfolgreichen Calibra ist Opel richtig stolz: »Der Calibra ist das aktuelle Symbol der Marke Opel« heißt es 1990 in einer Presseerklärung. Das Sportlenkrad ist serienmäßig, ebenso das Stereoradio/Cassettensystem

Die Vorstellung seines neuen Erfolgs-Coupés übernimmt er selbst, Luis R. Hughes, 41-jähriger Chef der Adam Opel AG. Er bemüht Deutschlands Automobiljournalisten nach Monte Carlo. Und was dort im Hotel de Paris vorgeführt wird, kann sich sehen lassen. Der viersitzige Calibra ist Aerodynamik-Weltmeister, zeigt eine rasante Keilform mit großer Heckklappe und kann auf eine umfangreiche Serienausstattung verweisen: Servolenkung, Leichtmetallräder, Fünfganggetriebe, beheizbare Außenspiegel, Cassettenradio mit sechs Lautsprechern, getönte Scheiben. Gegen Aufpreis erhältlich sind Zentralverriegelung, elektrische Fensterheber, Klimaanlage, Bordcomputer und Schiebedach.

Für den Calibra stehen 1990 zwei Vierzylinder-Motoren mit geregeltem Katalysator zur Auswahl: Der 2,0i mit 115 PS (205 km/h) und der 16V mit 150 PS (223 km/h) mit Vierventil-Technik. Weitere Motorisierungsvarianten folgen. Schnellster Calibra ist der 2.0i 16 V Turbo 4x4 von 1992: 204 PS (245 km/h) und von 0 auf 100 in 6,8 Sekunden. Zum Thema Umweltverträglichkeit: Der Calibra fährt mit asbestfreien Brems- und Kupplungsbelägen, cadmiumfreien Kunststoffteilen, wartungsfreien Batterien und blei- und chromfreien Lacken. Außerdem ist er sparsam im Verbrauch: zwischen sechs und zwölf Liter (laut Werksangabe).

1993 MERCEDES-BENZ *C-Klasse*

Eine neue Klasse führt Mercedes-Benz 1993 ein, die die Angebotspalette nach unten abrunden und eine jüngere Käuferschicht ansprechen soll. Die C-Klasse wird zum Verkaufsschlager. Bereits 1995 sind über 50 Prozent der Mercedes-Verkäufe C-Klasse Modelle. Gelobt werden insbesondere das gute Platzangebot, die hohe passive Sicherheit, die Verarbeitungsqualität, der Federungskomfort und die sparsamen Motoren. 1993 gehen drei Motorvarianten an den Start: Der C 180 mit 122 PS (193 km/h), der C 200 mit 136 PS (203 km/h) und der C 220 mit 150 PS (210 km/h). 1995 folgt der C 230 K mit 193 PS (235 km/h), 1996 erscheinen die T-Ausführungen und 1997 kommt der C 240 mit 170 PS (214 km/h) auf den Markt.

Weil die 1993 eingeführte C-Klasse die Absatzflaute beendet, die Anfang der 1990er Jahre einsetzte, wird sie bei Mercedes-Benz intern als »Rettungswagen« bezeichnet

1994 AUDI A4

Der Audi A4 erscheint 1994 mit Motoren von 1,6 Liter (100 PS) bis 2,8 Liter (174 PS)

Der Audi A4 löst 1994 den Audi 80 ab. Die neue Karosserie mit der niedrigen Dachlinie und der flach gestellten Windschutzscheibe wirkt modern und zeitlos zugleich. Neu ist die Vorderachse: Die Mehrlenker-Konstruktion soll Antriebseinflüsse in der Lenkung verringern und den Federungskomfort verbessern.

Beim Start 1994 stehen fünf Benzinmotor-Varianten vom 1.6 Vierzylinder mit 100 PS (191 km/h) bis zum 2.8 Sechszylinder mit 174 PS (226 km/h) zur Verfügung. Außerdem wird 1994 die Dieselversion 1.9 TDI mit 90 PS (182 km/h) angeboten. Ab 1995 sind alle Versionen auch als Avant (Kombi) lieferbar. Bis auf das Einstiegsmodell und den TDI, die nur mit Frontantrieb lieferbar sind, stehen die anderen Modelle auch als Quattro (Allradantrieb) zur Verfügung. Bis zur Überarbeitung der A4-Reihe im Jahr 2000 kann Audi rund eine Million Exemplare verkaufen.

1995 BMW Z3

Noch bevor der BMW Z3 Roadster offiziell vorgestellt wird, kann man ihn Ende November 1995 in dem James Bond Film »Golden Eye« bewundern. Der Zweisitzer wird im neuen BMW Werk in South Carolina gebaut, die Präsentation im Januar 1996 findet auf der Motorshow in Detroit statt. Der kompromisslos sportlich konzipierte Roadster mit nur wenig Platz im Kofferraum kommt bei den Sportwagenliebhabern so gut an, dass 1999 bereits mehr als 200 000 Exemplare verkauft sind.

Grundlage des Z3 ist die BMW 3er-Reihe. Zunächst werden eine 1,8 Liter Version mit 116 PS (194 km/h) und der 1,9 mit 140 PS (205 km/h) angeboten. 1996 gesellt sich der 2,8 mit 192 PS (218 km/h) dazu und 2000 erscheint eine 3,0 Liter Variante mit 231 PS (240 km/h). Stärkster im Bunde ist der Z3 M, der ab 1997 gebaut wird, mit 3,2 Liter Maschine. Mit seinen 321 PS sind die abgeregelten 250 km/h Höchstgeschwindigkeit ein Kinderspiel, und um von 0 auf 100 km/h zu kommen, benötigt der Z3 M gerade mal 5,4 Sekunden. Als Coupé kommen 1998 der 2,8 und 2000 der 3,0 auf den Markt.

Nicht zuletzt wegen der Popularität durch seinen Auftritt in einem James Bond Film gerät der BMW Z3 zu einem Verkaufsschlager. Unten der Roadster, der ab 1995 gebaut wird, oben das Coupé, das 1998 folgt

1996 MERCEDES-BENZ *SLK*

Mercedes-Benz SLK 230 Kompressor

Mercedes-Benz SLK 200

Mercedes-Benz SLK 230 Kompressor mit Hardtop

Auf die neue Beliebtheit von Cabrios Mitte der 1990er Jahre reagiert Mercedes-Benz mit einem »kleinen« Roadster. Klein in doppelter Bedeutung. Der SLK ist 50 cm kürzer als der große Bruder SL und erheblich preiswerter. Viele Bauteile werden von der C-Klasse übernommen. Das Design kommt hervorragend an. Die langgezogene Haube und das kurze aber wuchtig wirkende Heck versprechen jede Menge Power. Bis 1999 sind rund 167 000 Exemplare verkauft zu Preisen zwischen 52.900 und 64.728 DM.

Einstiegsmodell ist der SLK 200 mit Vierzylindermotor mit 136 PS (208 km/h), stärkster der SLK 32 AMG, der ab 2000 zu haben ist. Dessen Sechszylinder V-Motor leistet 354 PS, die Höchstgeschwindigkeit ist auf 250 km/h begrenzt. In 5,2 Sekunden ist der SLK 32 AMG auf 100 km/h. Fast fünf mal länger benötigt das Vario-Dach, um sich »mit leisem Schnurren« zu öffnen. Dann aber ist man im 7. Himmel – versprechen die Werbetexter.

1996 PORSCHE Boxster

Wie Mercedes-Benz mit dem SLK setzt auch Porsche mit dem Boxster auf jene Kundschaft, die sich zwar einen »richtigen« Sportwagen anschaffen will, der aber der Mercedes-Benz SL oder der Porsche 911 eine Klasse zu hoch ist. So ist der Boxster bereits für 76.500 DM zu haben, für einen 911 muss man etwa das Doppelte ausgeben. »Der schicke Zweisitzer mit dem kecken Hintern« wie es im »Autokatalog« heißt, kommt auf Anhieb gut an. Als rassiger Sportwagen bietet er relativ viel Raum für die Insassen, die Fahrleistungen sind, wie bei Porsche nicht anders zu erwarten, ausgesprochen sportlich und der Komfort kommt ebenfalls nicht zu kurz.

1996 beginnt die Boxster-Ära mit dem Sechszylinder 2,5 Liter Boxermotor mit 204 PS (240 km/h). 1999 wird der 2,5er abgelöst von den Typen 2,7 mit 220 PS (250 km/h) und dem Spitzenmodell 3,2 S mit 252 PS (260 km/h). Dieser beschleunigt in 5,9 Sekunden von 0 auf 100 km/h.

Porsche Boxster Studie von 1993

Porsche Boxster S

Porsche Boxster 2.7

Porsche Boxster S und Boxster 2.7

1997 MERCEDES-BENZ *M-Klasse*

Mercedes-Benz M-Klasse ML 270 CDI (ganz oben), ML 55 AMG (oben) und ML 270 CDI (unten)

Bevor die M-Klasse ausgeliefert wird, kann man sie bereits in dem Kinofilm »Jurassic Park« bewundern. Der Film wird ein Kassenschlager, die M-Klasse auch. Gebaut wird die M-Klasse in einem neuen Werk in Alabama, nicht ohne Hintergedanken, denn in den USA sind sportliche Geländewagen total im Trend. Und Mercedes-Benz gelingt ein Geniestreich: »Die M-Klasse ist der erste Off-roader, der eine Limousine ist« heißt es im Verkaufsprospekt, und das ist nicht übertrieben. Dieser Allradwagen mit Einzelradaufhängung und elektronischem Traktionssystem macht sich in freier Wildbahn ebenso gut wie mit seinem edlen Design und der komfortablen Innenausstattung vor der Oper.

Beim Start 1997 sind zwei Motorvarianten im Programm: Der ML 230 ist mit einem Vierzylindermotor ausgestattet, der 150 PS leistet und 177 km/h erreicht, der Sechszylinder V-Motor des ML 320 mit 218 PS kommt auf 195 km/h. Mit Achtzylinder V-Motor erscheinen 1999 der ML 430 mit 272 PS (210 km/h) und das Spitzenmodell ML 55 AMG mit 347 PS (232 km/h). Auch ein Diesel gesellt sich 1999 hinzu, der ML 270 CDI, dessen Fünfzylindermotor liefert 163 PS und bringt 185 km/h. Mehr als 175 000 Exemplare sind 1999 verkauft.

1997 FORD Ka

Keine Frage, der Ford Ka ist einer der pfiffigsten Kleinwagen aller Zeiten. Die ausgesprochen kompakt und sicher wirkende Karosserie spricht besonders Frauen an. Eine freche Werbekampagne bringt den Ka ins Gespräch und sorgt für Umsatz. Er ist ausschließlich zweitürig lieferbar. Es gibt Sondereditionen für die Lufthansa und für ProSieben. In den ersten zwei Jahren werden rund 366 000 Exemplare verkauft, der Preis liegt bei 18.000 DM.

1997 startet der Ka mit einem 1,3 Liter Vierzylindermotor mit 60 PS (155 km/h) und 1998 kommt die 49 PS Variante (147 km/h) auf den Markt. Ein Jahr später wird diese aber schon wieder einkassiert, weil sie ohne Servolenkung nicht erfolgreich ist. So muss sich der Ka mit nur einer Motorversion auf dem hart umkämpften Kleinwagenmarkt behaupten – und er tut es.

Aufsehen erregt 1999 die Ka-Edition D2 CallYa, eine Kooperation der Ford-Werke AG und der Mannesmann Mobilfunk. Es ist der erste Kleinwagen mit serienmäßiger Freisprechanlage. Außerdem wird ein Nokio Handy mitgeliefert, es gibt elektrische Fensterheber, schwarze Lederausstattung mit höhenverstellbarem Fahrersitz, Klimaanlage, ein Audiosystem, Leichtmetallräder, Zentralverriegelung und das alles für 24.900 DM.

Ford Ka in der 60 PS Ausführung von 1999

Die auf 3 000 Einheiten limitierte Ford Ka Edition D2 CallYa

1997 MERCEDES-BENZ *A-Klasse*

Die Mercedes-Benz A-Klasse ist zu Preisen von 30.360 DM (A 140) im Jahr 1997 bis 39.383 DM (A 190) im Jahr 2000 im Angebot

Die Mercedes-Benz A-Klasse, A 190 in der Ausstattungsvariante Avantgarde. Für einen pauschalen Aufpreis gibt es Klimaanlage, CD-Radio, Lederausstattung, Metallic-Lackierung und Sitzheizung

Der kleine Mercedes startet im März 1997 auf dem Genfer Salon, wird aber wegen des Elchtests, der ihm Instabilität bescheinigt hatte, zurückgepfiffen. Ende 1997 geht er erneut in die Startlöcher und ist dann nicht mehr aufzuhalten. Mit seiner hohen Sitzposition wirkt er wie ein Minivan, das kommt gut an. Bei der passiven Sicherheit, beispielsweise mit Sidebags, punktet er ebenso wie bei dem vorzüglichen Fahrverhalten. Das Raumangebot ist enorm, die Variabilität des Innenraums lässt keine Wünsche offen. Der recht hohe Anschaffungspreis relativiert sich beim Wiederverkauf.

Der Vierzylindermotor ist als 1,4 Liter Version mit 82 PS (170 km/h) lieferbar und als 1,6 Liter mit 102 PS (182 km/h). Mit dem A 190 mit 1,9 Liter Maschine mit 125 PS (198 km/h), der das Angebot ab 1999 nach oben abrundet, lockt Mercedes jene Kunden, die gerne untertreiben. Auch der Dieselfahrer geht nicht leer aus, er kann ab 1998 zwischen dem A 160 CDI mit 60 PS (152 km/h) und dem A 170 CDI 190 mit 90 PS (175 km/h) wählen. In den ersten drei Jahren verzeichnet die A-Klasse mehr als 360 000 Zulassungen.

1998 FORD *Focus*

Der Ford Focus löst 1998 den Dauerbrenner Escort ab und ist auf dem besten Weg, ebenfalls ein Longseller zu werden. Seine prägnante Karosserie im sogenannten New-Edge-Style sorgt für Furore. Fachjournalisten loben die komfortable Federung, das gute Platzangebot, das agile Fahrverhalten und die direkte Servolenkung. Vier Karosserieversionen stehen im Angebot: Zweitürer, viertürige Schräghecklimousine, Stufenhecklimousine und der Turnier (Kombi). Motorvarianten gibt es vom 1,4 Liter Vierzylinder mit 75 PS (171 km/h) bis zum 2,0 Liter Vierzylinder mit 130 PS (201 km/h). Auch zwei Diesel mit 75 PS (168 km/h) und mit 90 PS (184 km/h) bietet Ford in seiner Focus-Reihe an, die in den ersten zwei Jahren bereits mehr als 477 000 Käufer beziehungsweise Käuferinnen findet.

Der Ford Focus bietet serienmäßig vier Airbags, ABS, Klimaanlage, in Höhe und Reichweite einstellbares Lederlenkrad, elektrisch verstellbaren Fahrersitz und elektrische Fensterheber vorn und hinten

1998 MERCEDES-BENZ *S-Klasse*

Mercedes-Benz S-Klasse, S 500 mit Achtzylinder V-Motor mit 306 PS und 250 km/h (begrenzt)

Abbildung aus dem vorzüglich gestalteten Verkaufsprospekt der neuen Mercedes-Benz S-Klasse von 1998.

Mit der neuen S-Klasse will Mercedes-Benz sich selbst übertreffen. Ein hochgestecktes Ziel, aber schließlich ist die Spitzenklasse von Mercedes von jeher Trendsetter gewesen, fast alle Meilensteine im technischen und sicherheitstechnischen Bereich wurden in ihr zuerst verwirklicht. In dieser Tradition stehend erscheint die neue S-Klasse mit großem Fahrkomfort durch ein elektronisch geregeltes Luftfederungssystem, das Fahrgeräusch ist innen kaum mehr wahrnehmbar, Sicherheitssensoren warnen bei kritischen Situationen, die Karosserie ist elegant geschnitten wie ein Coupé, der c_w-Wert sinkt auf 0,27 und robuste, technisch ausgereifte Motoren in vielen Leistungsvarianten stehen zur Verfügung.

Einstiegsmodell ist der S 320 mit Sechszylinder V-Motor mit 224 PS (240 km/h). In der Spitze sorgt der Zwölfzylinder V-Motor des S 600 Lang mit 367 PS und einer abgeregelten Höchstgeschwindigkeit von 250 km/h dafür, dass der 1960 kg schwere Wagen in 6,3 Sekunden von 0 auf 100 km/h beschleunigt.

Mercedes-Benz S-Klasse, S 600

1998 VOLKSWAGEN *Passat*

VW Passat-Edelversion W8. Das W steht für zweimal V, also zweifach V-förmig, die 8 für acht Zylinder

Eines muss man den Wolfsburgern ja lassen: Wie sie ihre erfolgreichen Modelle wie Käfer, Golf, Polo oder Passat über Jahrzehnte an der Spitze halten, das macht ihnen so leicht keiner nach. Gab es für VW je eine treffendere Werbung als »Er läuft und läuft und läuft...«?

1998 bringt VW Hochdruck in den Passat 1.9 TDI. Es handelt sich um ein völlig neues Einspritzverfahren, bei dem mittels Pumpe-Düse-Technik höhere Drücke aufgebaut werden, die eine sauberere und wirksamere Verbrennung zur Folge haben. Mit 115 PS erreicht der 1.9 TDI 200 km/h. Im Jahr 2000 kommt eine neue Motorvariante in die Passat-Reihe, ein Zweiliter-Benziner mit 120 PS (200 km/h). Neues Spitzenmodell mit allerfeinster Innenausstattung wie Chrom- und Edelholzapplikationen, Sitze aus Leder-Stoff-Kombinationen, Bordcomputer, elektronisch geregelte Klimaautomatik oder Diebstahlalarmanlage mit Innenraumüberwachung wird der Passat W8. Dessen völlig neues 4,0 Liter Triebwerk leistet 275 PS und bringt den W8 auf 250 km/h Höchstgeschwindigkeit.

VW Passat Variant, rechts die 2,0 Liter Limousine, unten fünf Generationen VW Passat von 1973 bis 1998

1998 AUDI TT

Mit einem außergewöhnlich eigenwilligen Styling schickt Audi seinen Sportwagen ins Rennen. Obwohl die Karosserie eigentlich gewöhnungsbedürftig ist, kommt sie vom Start weg gut an. Wegen der vielen Bestellungen muss Audi die Kapazitäten des in Ungarn gefertigten TT erhöhen. In den ersten drei Jahren (1998 bis 2000) werden mehr als 120 000 Exemplare gebaut und zu Preisen von 52.800 DM bis 71.000 DM verkauft. Der TT ist als Coupé und Roadster lieferbar, das Coupé wird allerdings wesentlich häufiger geordert. Wegen Unfallgefahr bei sehr hohen Geschwindigkeiten werden bereits ausgelieferte Coupés 1999 in die Werkstätten gerufen. Dort werden ihnen kostenlos stärkere Stabilisatoren und straffere Dämpfer eingebaut. Der vorzüglich und konsequent modern durchgestylte TT wird von der Fachpresse besonders wegen seines Federungskomforts, wegen der guten Fahrleistungen und wegen des variablen Gepäckraums gelobt.

Angetrieben wird der TT von einem Vierzylinder 1,8 Liter Motor. Er ist mit 180 PS (228 km/h, Roadster 223 km/h) lieferbar und mit 225 PS (243 km/h, Roadster 237 km/h). Im Jahr 2000 kommt eine 150 PS (214 km/h) Version hinzu. Die 225 PS Variante beschleunigt das Coupé von 0 auf 100 in 6,4 Sekunden, den Roadster in 6,7 Sekunden.

Coupé und Roadster des TT sind auch als Quattro, also mit Allradantrieb, zu haben

Audi TT Roadster von 1999 mit 225 PS

1998 VOLKSWAGEN *New Beetle*

Volkswagen New Beetle in der Conzept-Phase 1995 (oben und rechts das Cabrio), unten die Version von 1996 und ganz oben die Serienausführung von 1998

Ein moderner Nachfolger des legendären Käfers soll er sein, ein Fahrzeug, das die Vergangenheit mit der Zukunft verbindet. Und in der Tat ist es dem Designstudio des VW-Werks in Süd Kalifornien gelungen, ein konsequent zeitgemäßes Auto zu konzipieren, das in seiner äußeren Form stark an den Vorfahren erinnert. Unter der Karosserie sieht allerdings alles ganz anders aus. Hatte der Käfer Heckantrieb und Heckmotor, so hat der New Beetle Frontantrieb und Frontmotor. Aus dem luftgekühlten Motor von einst ist ein wassergekühltes Triebwerk geworden. Als Plattform dient die des aktuellen VW Golf. Auch die Innenausstattung erinnert kaum noch an den VW, der den Weltruhm der Marke begründet hat.

Drei Varianten des quer eingebauten Vierzylindermotors sind zunächst erhältlich: Der New Beetle 1.6 mit 100 PS (178 km/h), der 1.8 T mit 150 PS (203 km/h) und der 2.0 mit 115 PS (185 km/h). Im Jahr 2000 kommen die Typen 2.3 V5 mit 170 PS (211 km/h) und 1.9 TDI (Diesel) mit 100 PS (171 km/h) hinzu.

Gebaut wird der New Beetle ausschließlich im mexikanischen VW-Werk in Puebla, was aus logistischer Sicht von Vorteil ist, weil die Hauptabnehmer in den USA sitzen. In Deutschland liegen die Preise des New Beetle zwischen 30.450 DM und 38.630 DM.

1998 SMART

Nach einer Idee des Schweizer Uhrenherstellers Hayek verwirklicht DaimlerChrysler 1998 diesen winzigen Stadtflitzer. Dafür wird eine eigene Marke gegründet und ein Händlernetz mit 34 Smart-Centern in Deutschland aufgebaut, von weitem zu erkennen an den hohen Schaufenster-Türmen. Der Clou des Zweisitzers: Er ist nur 2,50 m lang und passt so in fast jede Parklücke, notfalls quer. In allen größeren Innenstädten sollen in besten Lagen 3 m lange Parkplätze für solch kurze Kleinstwagen entstehen, die natürlich besonders preisgünstig sind. Fahrer und Beifahrer sitzen bequem in dem Winzling, ansonsten ist allerdings nicht viel Platz. Gleichwohl ist erstaunlich, was manche Besitzer alles in dem spektakulär durchgestylten Smart unterbringen.

Vier Varianten hat der Smart zu bieten, die von einem quer eingebauten Dreizylindermotor angetrieben werden: Den Smart & pure mit 0,6 Liter Maschine mit 45 PS (135 km/h), die beiden 55 PS (135 km/h) Versionen Smart & pulse und Smart & passion und den Diesel Smart cdi mit 41 PS (135 km/h). Zu der geschlossenen Ausführung gesellt sich im Jahr 2000 das Cabrio. Die Preise staffeln sich von 15.980 DM für den Smart & pure mit 45 PS bis 23.980 DM für das Cabrio in der Ausstattungsvariante Smart & passion.

Das Smart Cabrio hat ein elektrisches Verdeck, das sich stufenlos öffnen lässt

2000 BMW Z8

Der Dienstwagen von James Bond« schreibt die Süddeutsche Zeitung über den BMW Z8, der in der Tat wieder für einen Kinofilm herhalten muss. Als Z 07-Studie war dieser Sportwagen bereits 1997 auf der Tokyo Motor Show zu sehen, als Z8 wird er 1999 auf der Frankfurter IAA präsentiert und im Jahr 2000 geht er in Produktion. Der Z8 ist als erster BMW mit einem selbsttragenden Alu-Spaceframe-Rahmen ausgestattet. Ein Hardtop aus Aluminium-Profilen, die mit Kunststoff verkleidet sind, mit beheizbarer Heckscheibe aus Glas gehört zur Serienausstattung. Das neu entwickelte Fahrwerk basiert auf den Achsen des 5er und 7er BMW. Das 5,0 Liter V8 Triebwerk mit Doppel-Vanos-Nockenwellensteuerung und elektronisch betätigten Einzeldrosselklappen wurde dem BMW M5 entnommen. Es leistet 400 PS und bringt den Z8 auf abgeregelte 250 km/h. Bei der Beschleunigung kann der Z8 zeigen, was er drauf hat: Von 0 auf 100 in 4,7 Sekunden. Im ersten Produktionsjahr werden mehr als 1 500 Exemplare gebaut, der Preis für dieses Geschoss liegt bei 235.000 DM.

Der Z8 ist BMWs stärkster Sportwagen. Mit 400 PS beschleunigt er in 4,7 Sekunden von 0 auf 100 km/h

2000 OPEL *Speedster*

Ein richtiger Sportwagen soll wieder das Opel Programm schmücken, etwa wie der Opel GT, der 1965 für Furore sorgte. Im März 1999 ist es soweit. Auf dem Genfer Salon wird der auf dem Lotus Elise basierende »Speedster« vorgestellt. Mitte 2000 beginnt die Produktion in Großbritannien. Die Karosserie ist aufregend sportlich geraten, eine Augenweide. Der konstruktive Unterbau in Aluminium-Sandwich-Verbundbauweise wird nahezu unverändert von der Elise übernommen. Innen ist viel blankes Metall zu sehen, alles sehr schlicht, aber modern durchgestylt. Man sitzt enorm tief, der Wagen ist mit 1,11 m Höhe überhaupt sehr niedrig, und angenehme Dinge wie gute Polsterung, Ablagen oder elektrische Fensterheber sucht man vergebens: Der Speedster ist halt ein richtiger Sportwagen.

Antriebsaggregat ist ein quer vor der Hinterachse eingebauter 2,2 Liter Vierzylindermotor mit 147 PS (220 km/h), der die Hinterräder antreibt. Der nur 870 kg wiegende Speedster beschleunigt von 0 auf 100 km/h in 5,9 Sekunden.

Mit dem Speedster bietet Opel nach dem legendären GT erneut einen klassischen Sportwagen in der 2 Liter Klasse an. Der Preis liegt bei 59.000 DM

2000 PORSCHE 911 *Turbo*

Der Turbo ist mit Bordcomputer ausgestattet (links). Im Profil wird die Eleganz des neu entwickelten Heckflügels deutlich

Im Jahr 2000 schickt Porsche seinen schnellsten Elfer ins Rennen. Der neue 911 Turbo erreicht 305 km/h Höchstgeschwindigkeit und beschleunigt von 0 auf 100 km/h in 4,2 Sekunden. Der 3,6 Liter Motor setzt ebenfalls neue Maßstäbe. Mit Hilfe der beiden Abgas-Turbolader mit Ladeluftkühlung leisten die sechs Zylinder 420 PS.

Bug und Heck unterscheiden sich beim neuen 911 Turbo deutlich von den übrigen Carrera-Modellen. Vorne markieren drei große dunkel verkleidete Lufteinlässe den hohen Kühlungsbedarf. Zusammen mit den neu entwickelten Hauptscheinwerfern geben sie dem Turbo ein eigenständiges Gesicht. Das Heck wird durch den neu entwickelten Flügel geprägt. Zur serienmäßigen Ausstattung gehören unter anderem Allrad-Antrieb, Metallic-Lackierung, Leder-Ausstattung, elektrisch verstellbare Sitze, Dreispeichen-Sportlenkrad und Bordcomputer. Über die Fernbedienung des Zündschlüssels kann der Kofferraumdeckel geöffnet und die Sitzmemory-Funktion bedient werden.

2000 PORSCHE 911 *Turbo*

Porsche 911 Turbo. Das Heck wird von dem neu entwickelten Flügel (unten auf den Bildern eingefahren und ausgefahren) und die Lufteinlässe für die Ladeluftkühlung dominiert. Unter den verbreiterten Kotflügeln glänzen speziell für den Turbo entworfene 18 Zoll große Aluminiumfelgen

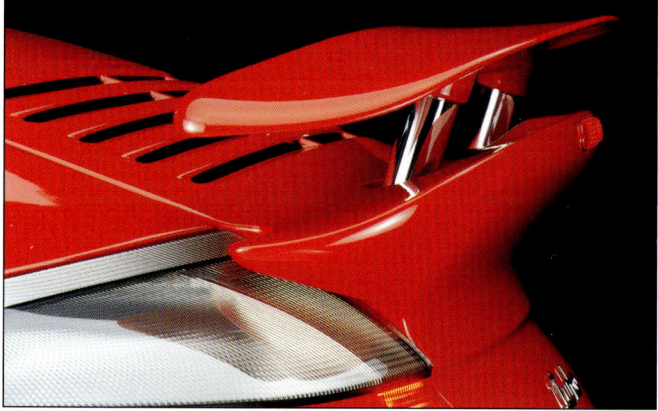

Abbildungen stellten freundlicher Weise zur Verfügung: Audi AG, BMW AG, DaimlerChrysler AG, Ford Werke AG, Adam Opel AG, Porsche AG, Volkswagen Werk AG, Autopress Neckarsulm, Peter Michels, Rudi Heppe und das Automuseum Ibbenbüren

Weitere Autobücher unseres Verlages

Fordern Sie kostenlos und völlig unverbindlich unseren neuesten Prospekt an mit Büchern über:

- Traktoren
- Baumaschinen
- Lastwagen
- Omnibusse
- Feuerwehren
- Autos
- Motorräder

Podszun-Verlag GmbH
Postfach 1525
D-59918 Brilon
Telefon 02961/53213
Fax 02961/2508
info@podszun-verlag.de
www.podszun-Verlag.de

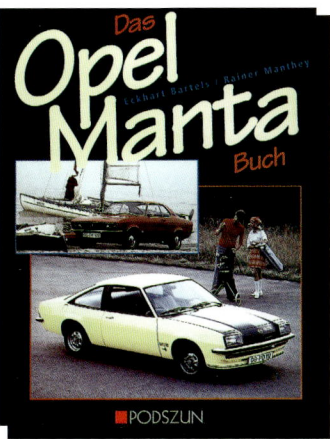

144 Seiten, fester Einband
ISBN 3-86133-243-4 EUR 19,90

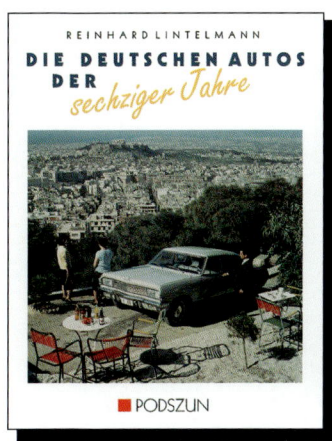

144 Seiten, fester Einband
ISBN 3-86133-169-1 EUR 19,90

144 Seiten, fester Einband
ISBN 3-86133-136-5 EUR 19,90

144 Seiten, fester Einband
ISBN 3-86133-321-X EUR 14,90

144 Seiten, fester Einband
ISBN 3-86133-318-X EUR 24,90

144 Seiten, fester Einband
ISBN 3-86133-209-4 EUR 19,90

144 Seiten, fester Einband
ISBN 3-86133-244-2 EUR 19,90

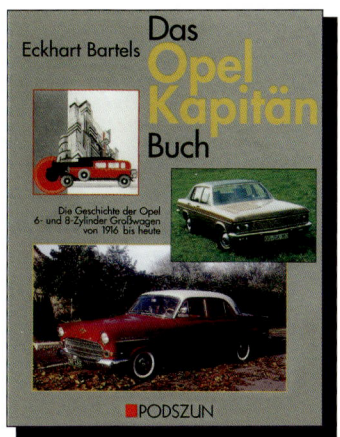

160 Seiten, fester Einband
ISBN 3-86133-193-4 EUR 24,90

144 Seiten, fester Einband
ISBN 3-86133-340-6 EUR 24,90